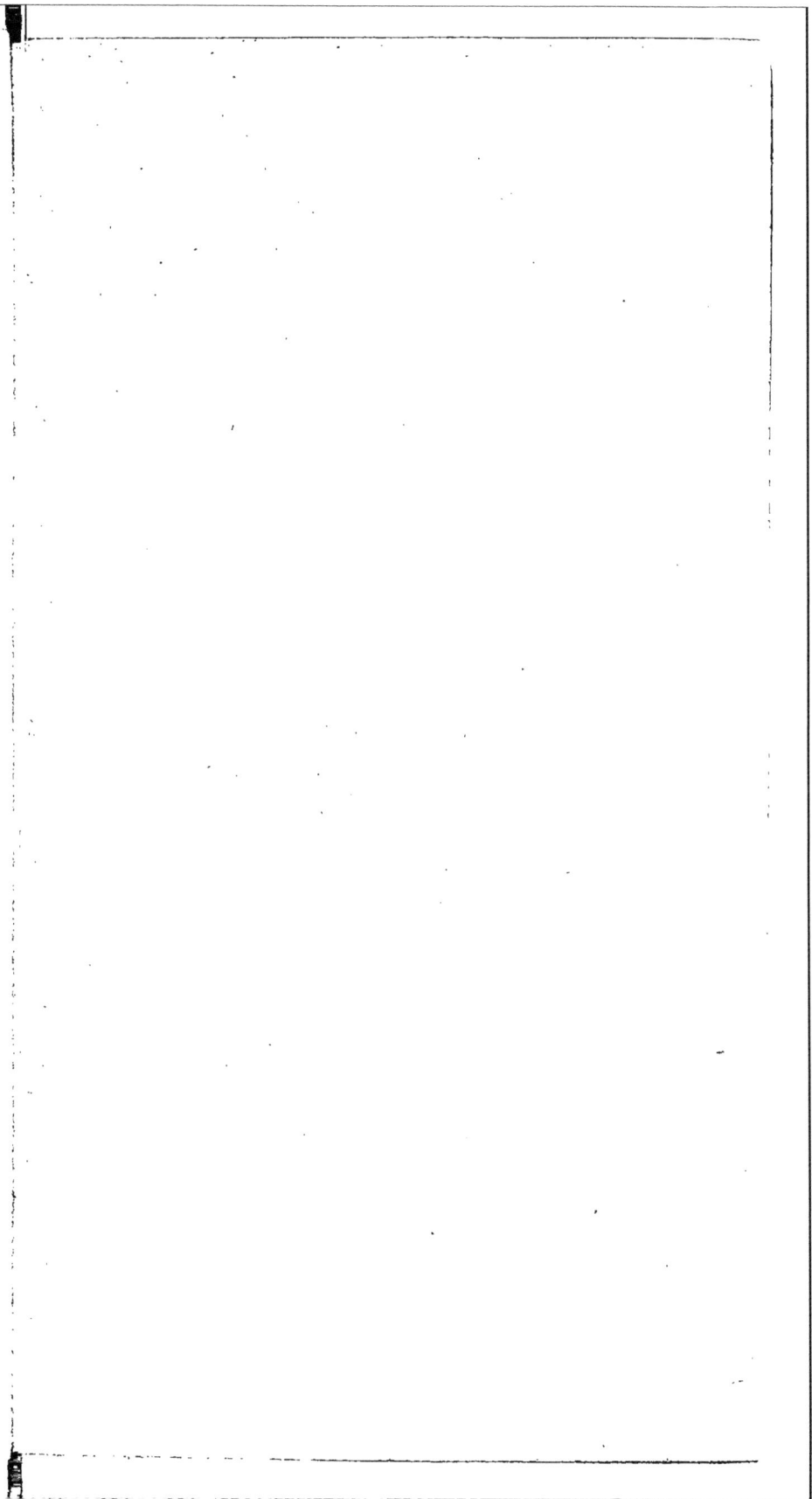

NOUVELLES
OBSERVATIONS
PHYSIQUES ET PRATIQUES
S U R
LE JARDINAGE ET L'ART DE PLANTER.
TOME III.

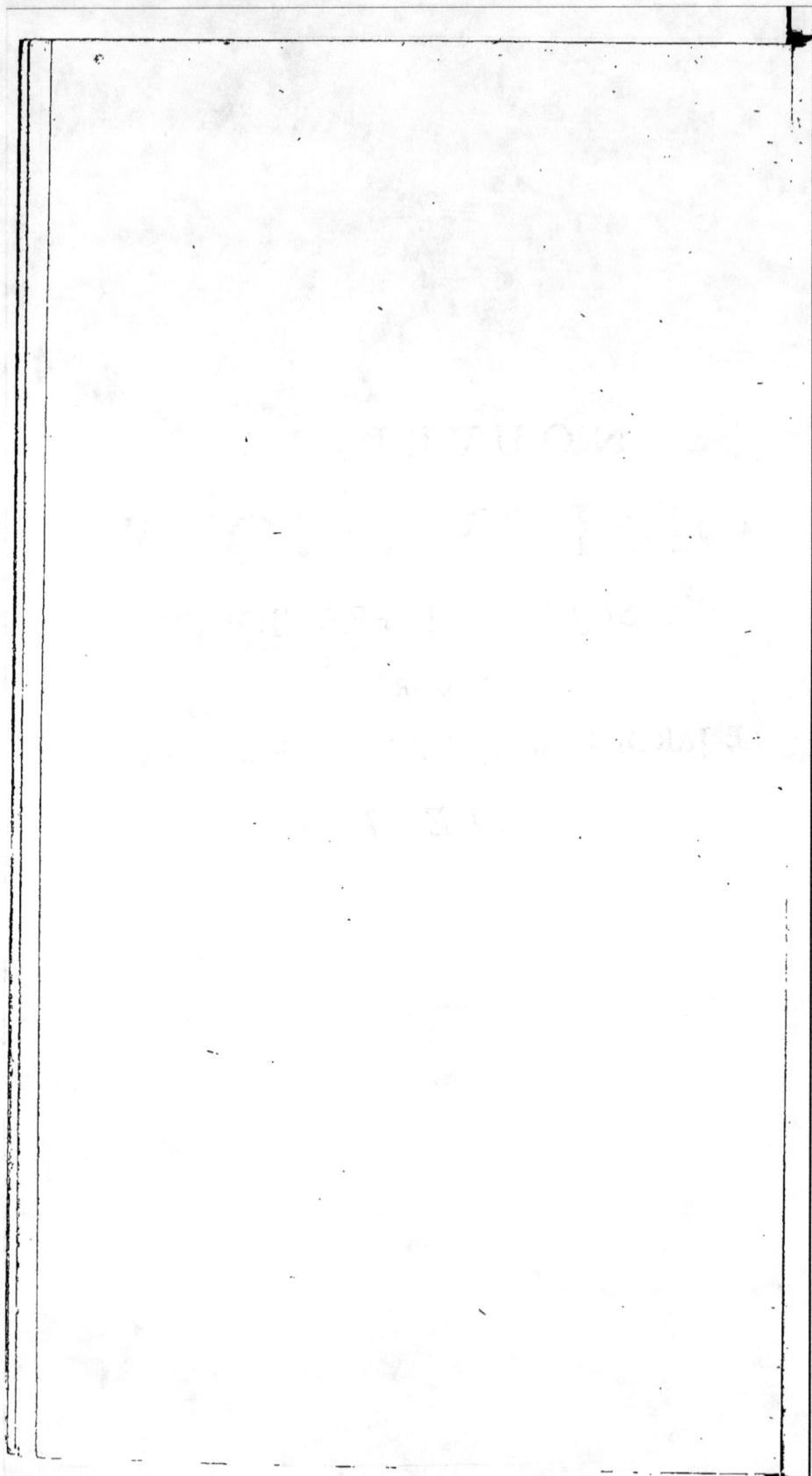

NOUVELLES
OBSERVATIONS
PHYSIQUES ET PRATIQUES
SUR
LE JARDINAGE ET L'ART DE PLANTER;
AVEC
LE CALENDRIER DES JARDINIERS:

Ouvrage traduit de l'Anglois de BRADLEY, enrichi de figures en taille-douce.

TOME III.

A PARIS.

Chez

{ PAULUS DUMESNIL , Grande falle du Palais, au Lion d'or & à l'Envie.
NYON, Quai des Augustins, à l'Occasion.
SIMEON-PROSPER HARDY , Rue S. Jacques, à la Colonne d'or.

MDCCLVI.

Avec Approbation , & Privilége du Roy.

AVIS AU LECTEUR.

L'Ouvrage que l'on pré-
sente au Public étant une traduction, on doit sentir naturellement que l'Auteur a aju-
sté les temps qu'il prescrit
pour cultiver, semer, & recueillir, au climat & au degré de chaleur des lieux qu'il
habitoit. Si en le traduisant
on se fût donné la liberté
d'ajuster tous ces temps au
climat de la France, il seroit
arrivé deux choses. 1°. On
eût entiérement défiguré l'Auteur, en changeant à tout moment son texte; 2°. On n'en
eût pas été pour cela plus
avancé; car la France étant

un Pays très-étendu, ce qui se feroit trouvé jufte pour Paris, auroit été défectueux pour d'autres Provinces. Ces réflexions nous ont déterminé a donner fimplement la traduction de Bradley. Mais comme l'Angleterre eft de quelques degrés plus au Nord que la France, les cultivateurs qui voudront fuivre notre Auteur, auront attention de femer, cultiver & recueillir tout, environ quinze jours avant le temps fixé par Bradley. Ceux même qui habitent les parties de la France les plus Méridionales peuvent avancer tous leurs travaux d'un mois entier fans courir rifque de fe tromper.

TABLE
DES CHAPITRES

Contenus dans ce troisiéme Volume.

PREMIÉRE PARTIE.

a iij

SECONDE PARTIE.

Fin de la Table des Chapitres.

CALENDRIER

CALENDRIER
DES JARDINIERS.

❖❖❖❖❖❖❖❖❖❖❖❖❖❖❖❖❖❖❖❖❖❖

PREMIERE PARTIE

Où l'on preſcrit tous les Ouvrages qu'il y a à faire pour la culture du Jardin Potager, & pour le gouvernement des Arbres de haute futaye.

Ouvrages à faire dans les jardins Potagers pendant le mois de JANVIER.

CE MOIS eſt communément accompagné de gelées ; & s'il y a quelques neiges a eſſuyer dans toute l'année, c'eſt ſur-tout dans cette ſaiſon. Depuis quarante ans toute la ſurface de la Tamiſe a été glacée trois fois dans le mois de

Tome III. A

Janvier, & il eſt à remarquer que
c'eſt alors, que les froids les plus
perçants ſe font ſentir : c'eſt pourquoi ſi nous avons dans nos jardins
quelque choſe de délicat & de curieux, nous devons y apporter tous
nos ſoins, & ſinguliérement aux
plantes qui ſont ſur des couches,
il faut prendre tous les moyens néceſſaires pour les garantir de l'air
froid, & couvrir les vitrages de
litiere & de paillaſſons, un peu
avant le coucher du Soleil.

Si un Jardinier a des concombres ou des melons ſur ſes couches, il doit avoir attention de
leur donner du ſoleil à travers les
vitrages, toutes les fois qu'il le
pourra, pour mieux les défendre
du tort que pourroient leur faire
les vapeurs de la couche : car la
vapeur du fumier s'élevant en
quantité dans cette ſaiſon, ſe condenſe ſur les vitrages ; & tombant
enſuite par goutes ſur les plantes,
elle les pourit.

On peut corriger cette vapeur nuisible de deux manieres. 1°. En répandant par - dessus le fumier au moins six pouces d'épaisseur de terre : 2°. En faisant faire des chassis d'étoffe de laine pour les glisser sur les vitrages , afin qu'ils puissent recevoir les vapeurs qui s'élevent pendant la nuit , & qu'on ait la facilité de les ôter tous les matins sans faire aucun tort aux plantes.

L'humidité étant ainsi corrigée , il faut renouveller ou conserver la chaleur des couches en en garnissant les côtés tous les 15 ou 20 jours avec du fumier chaud.

Semez les melons & les concombres sur les couches toutes les semaines , pour remédier au cas où les premieres plantes seroient détruites par quelques accidents.

Semez des petites herbes , par exemple, de la moutarde , des raves , du cresson & de la laitue sur le glaſſis des couches : lorſqu'elles ſont-levées, mettez-les à l'air, autant que la ſaiſon pourra le permettre ; car c'eſt l'air qui leur donne un bon goût.

Plantez des fraiſiers ſur une couche tempérée, pour leur faire porter du fruit de bonne heure ; mais ne les gouvernez pas trop délicatement.

Si vous n'avez pas encore planté du baume ſur les couches, c'eſt alors le temps favorable pour le faire, afin de n'en pas manquer dans les ſalades de cette ſaiſon.

Faites une couche d'aſperges pour ſuccéder à celle que l'on a faite en Décembre. (Voyez le 4e livre de cet ouvrage, chap. 4. au commencement).

Si le temps eſt tourné à la gelée, répandez dans votre jardin les engrais qui ſeront néceſſaires pour amander la terre.

Taillez enſuite les grands Ar-

bres de Verger , coupez-en les
branches gourmandes auprès de
la tige , aussi-bien que celles qui
croissent d'une maniere irréguliere.

Vers la fin du mois, amassez des
sions pour greffer sur les bons arbres qui rapportent beaucoup , &
enterrez-les à moitié jusqu'à ce
que la saison de greffer soit arrivée;
ou si vous voulez les envoyer dans
quelques endroits éloignés , en-
foncez-en l'extrémité dans de l'argile , & serrez-les avec un lien
de paille bien séche.

S'il fait des gelées, c'est alors
la saison favorable pour transplanter les grands arbres ; car la mot-
te de terre qui tient à leurs racines restera dans son entier, & ne
s'en séparera pas dans le transport.

Si le temps est bien couvert,
vous pouvez labourer la terre, & y
pratiquer des sillons pour vous en
servir au besoin.

C'est aussi le temps favorable de

faire des mélanges de terre en joignant ensemble plusieurs terreins de différente qualité, comme le sable avec l'argile, &c. ces sortes de terreins sont beaucoup plus à rechercher que le fumier, pour le bien des arbres & autres plantes de longue durée.

Renouvellez la terre autour de la sauge, du thin, & des autres herbes odoriférantes ; mais prenez garde de n'en point ébranler les racines.

Découvrez les racines des arbres qui poussent trop, coupez-en quelques-unes des plus grosses, tant pour en arrêter le trop de vigueur, que pour les empêcher de fleurir de trop bonne heure.

Si dans le mois précédent vous n'avez point renouvellé la terre de vos fraisiers, il ne faudra pas différer plus long-temps cette opération.

Vers la fin du mois si le temps

est beau , transplantez toutes les espéces d'arbres de haute futaye , après avoir préparé les lieux pour les recevoir , en creusant & remuant la terre , & même , s'il le faut , en y en mêlant d'autre.

Si le terrein est humide & pesant , élevez-le d'une hauteur convenable pour y planter vos arbres : mais ce travail n'est pas nécessaire , quand le terrein est sec & sabloneux.

Lorsque vous plantez des arbres , faites bien attention à la maniere de placer leurs racines ; celles qui s'étendent naturellement auprès de la surface , ne doivent pas être enterrées trop avant : en un mot , il faut dans ce cas , comme dans tous les autres travaux du jardinage , imiter la nature autant qu'on le peut.

Lorsqu'on plante de grands arbres , il faut toujours conserver les pivots ou tiges principales ,

& se contenter de couper les branches latéralles auprès de la tige.

Plantez toujours de petits arbres préférablement à des gros ; un petit nombre d'années vous dédommagera fûrement : car lorsque des arbres ont resté assez long-temps dans un terrein pour y devenir grands & forts, ils ont bien de la peine à s'accoutumer à tout autre, quand même on pourroit les transplanter sans endommager leurs racines.

Examinez bien le terrein & l'exposition propres à chacun des arbres que vous avez dessein de planter, & ne vous pressez pas trop de cultiver aucun arbre particulier, quelqu'inclination que vous y ayez, à moins que vous ne le placiez dans un lieu conforme à sa nature ; car c'est faute d'avoir fait cette attention, que beaucoup de plantations couteufes n'ont pas bien réussi.

Semez un peu de pois hâtifs, pour fuccéder à ceux qui ont été femés en Novembre ; plantez auffi en pleine campagne des féves d'Efpagne.

Placez des piéges pour détruire les rats & autres vermines femblables qui font fort avides de vos jeunes pois, & de ceux que vous venez de femer nouvellement.

Plantez des choux, des raves, des panais & des carottes, pour les faire monter en graine.

Formez & amandez vos houblonieres ; laiffez un efpace de fix pieds entre les centres de chaque touffe ; élevez-en le terrein d'un pied plus haut que les fentiers, fi le terrein eft humide, & d'environ la moitié s'il eft fec : que les touffes foient plattes au fommet & d'environ deux pieds en tous fens : criblez-en la terre bien fine, afin de la préparer à être plantée le mois fuivant. Mais fi la hou-

A v

bloniere eft déja faite, c'eft alors le temps de placer l'engrais fur le bord des touffes, & de répandre par-deffus une couche bien mince de terre nouvelle.

Produit du Jardin Potager en JANVIER.

LES CARDONS font encore fort bons.

Les racines que l'on conferve dans le fable & qui font alors bonnes à manger, font les carottes, les panais, les bettes, tant rouges que blanches, les pommes de terre & un peu de chérvis.

Les racines encore en terre, font la fcorfonnere, les raves, les raiforts, & quelques jeunes carottes femées en Juillet.

Les racines que l'on conferve féches dans la maifon, font l'oignon, l'ail, l'échalotte & la rocambolle.

Il y a encore dans la maison quelques artichaux que l'on conserve en tenant leurs tiges enfoncées dans le sable.

Les herbes à cuire, sont les choux frisés, les choux de Savoye, les brocolis de Hollande, les choux de Battersea, les choux rouges, les choux de Russie & les épinards.

Les herbes que l'on employe pour les souppes & aux autres usages de la cuisine, sont le persil, l'oseille, le cerfeuil, les feuilles de poirée, les poreaux, le thin, la sauge, la marjolaine d'Hiver, l'orvale, le célery, quelques-uns même se servent du sommet des pois & des asperges.

Les herbes séchées pour l'utilité du ménage, sont les fleurs de soucis, la marjolaine odoriférante & le baume.

Les salades de ce mois sont composées de têtes de baume,

de jeune creffon , de fenevé ; de raves , de petite laitue , de petits oignons , de célery , de chicorée blanche , des têtes de pimprenelle & de cerfeuil ; à quoi on peu ajoûter la laitue pommée confervée fous des cloches , la laitue brune de Hollande que l'on a femée en pleine terre à la fin d'Août , & qui eft alors un peu frifée & très-agréable en la mêlant parmi les autres herbes de falade.

Nous avons quantité d'afperges fur des couches faites exprès, dans le mois de Décembre.

Ouvrages à faire dans les Jardins Potagers pendant le mois de FÉVRIER.

ON REGARDE communément ce mois comme le plus humide de toute l'année ; & j'ai remarqué que rarement les gelées font de longue durée quand elles commencent dans cette faifon : mais il eft ordinaire que quand il y a eu beaucoup de gelées & de neiges dans le mois de Janvier, le temps eft doux & beau en Février ; pour lors c'eft une faifon excellente pour planter les arbres fruitiers, ceux de haute futaye, & ceux qui font deftinés feulement pour la parade ; fuppofez que ces ouvrages n'ayent point été achevés en Septembre & Octobre.

On doit détacher de la racine des grands arbres les rejettons des ormes ; les planter dans les carreaux de la pepiniere, & faire provifion de jeunes plans de toutes les efpeces des grands arbres & des buiffons que l'on multiplie de boutures, ou en les marcottant.

Plantez les glands du chêne-verd, du liége & du chêne d'Angleterre, les noix & les chataignes ; & femés la graine de l'orme & les bayes de laurier qui léveront tous dès la premiere année.

Semez la graine du frêne, du hêtre & des autres arbres femblables, qui a été préparée un an dans le fable ; autrement elle refteroit deux ans dans la terre fans lever : Semez auffi le fruit de l'aube épine, de l'if, du houx & des autres arbres toujours verds, préparée comme ci-deffus.

Ce que je dis ici de la préparation des graines dans le fable, eft pratiqué communément par les Jardiniers : mais M. Fubet, qui entretient des pépinieres à Kinfington, m'a affuré qu'il a femé des bayes de houx & d'if de deux ans fans les avoir préparées de cette maniere, & que cependant elles ont levé fans aucune difficulté dès la premiere année. Il ajoûte qu'il a recueilli au Prin-

tems des fruits de frênes qu'il a
femés auffi-tôt après & qui ont
levé pareillement : J'avois fait la
même expérience avec un fuccès
égal ; mais je ne fçavois comment cela fe faifoit, jufqu'à ce
qu'il m'en a appris lui-même la
raifon ; qui eft que le frêne conferve fouvent fon fruit pendant deux
ans fans qu'il tombe, & qu'a-
lors ce fruit fe prépare de lui-même, & eft en état de lever fans
aucun artifice.

Une autre perfonne m'a affuré
qu'en recueillant les bayes du
houx, & en les laiffant en monceaux dans la maifon, jufqu'au
Printems, fans y toucher, celles
qui feront au milieu du tas, feront non - feulement débaraffées
de leur pulpe ou parties charnues,
mais encore auront germé, &
que fi on les feme auffi-tôt, elles
léveront un mois après. Cela vient
fans doute de la fermentation qui

se fait dans ces bayes, lorsqu'elles commencent à suer : c'est par la même raison que j'ai recommandé de faire tremper les graines dans du son & de l'eau. (Voyez la 2ᵉ Partie de cet ouvrage, chap. 2. Section premiere.)

Taillez & attachez vos abricotiers & autres arbres à noyau au commencement de ce mois, & réservez vos pavis pour les derniers.

Vers le milieu du mois semez des féves, des pois, du persil, des épinards, des carottes, des panais, un peu de raves, la scorsonnere, les oignons, les poreaux, un peu de laitue brune de Hollande, & des radis.

Semez des chervis dans une bonne terre légere où ils puissent avoir un peu d'humidité ; quelques-uns prétendent que quand leurs racines ont environ deux pouces de longueur, il faut les transplanter pour les faire groffir.

L'ail, les échalottes & la rocambolle que l'on veut multiplier,
doivent être plantés dans une terre légere.

Plantez des truffes blanches,
& des taupinambours.

Tranfplantez vos jeunes choux
pour en avoir une récolte, en cas
que vous ne l'ayez pas fait dans
les mois précédens.

Semez de la graine d'afperges
dans une terre naturelle.

Vers la fin du mois commencez à greffer en fente les pommiers, les poiriers & les cerifiers.

Renouvellez la chaleur de vos
couches avec du nouveau fumier,
& continuez à femer des concombres & des melons tous les dix
jours, de crainte que le temps
ne devienne contraire, & ne dé-
truife les autres recoltes.

Préparez auffi une couche pour
toutes les efpéces annuelles de

graines , à l'exception des foucis
d'Afrique & de France , qu'on
ne doit femer que le mois fuivant;
autrement ils croîtroient & deviendroient plus hauts que les
chaflis , à moins que le temps
ne foit propre pour les expofer
en plein air.

Semez fur une couche des haricots de Batterfea , afin d'en avoir
provifion en Avril , & faites venir
un peu de pourpier fur vos couches.

Il eft temps alors de faire une
couche de champignons couverte de paille , ou de litiere d'environ huit ou dix pouces d'épaiffeur. (Voyez les régles que j'ai
prefcrites pour cela , livre 4ᵉ.
chap. 2ᵉ. fect. 2ᵉ. *du Jardin Potager.*) Il faut la bien arrofer trois
fois par femaine jufqu'à ce que
les champignons commencent à
poufler , ce qui arrivera deux mois
après avoir fait la couche , pour

vû que le fumier ne foit pas recouvert d'une trop grande épaiffeur
de terre.

Plantez le houblon pendant ce
mois , & mettez fept plantes à
chaque touffe , en obfervant que
chaque tige ou plante n'aye pas
plus de deux nœuds ; car fi elles
en avoient davantage , les tiges deviendroient trop foibles.

Enfuite faites une grande couche pour avoir des raves & des
carottes de Printems , qu'il faut
femer en même-temps : car les raves feront en état d'être arrachées
au mois de Mars & feront tout à
fait paffées , avant que les carottes
commencent à groffir : Cette couche doit être recouverte d'environ
huit pouces d'épaiffeur de terre
& garantie des injures du temps
avec des paillaffons foutenus fur
des perches ; car les chaffis &
les vitrages feroient pouffer les
carottes trop en feuilles.

Vers le milieu du mois femez un peu de graine de chouxfleurs fur quelque couche dont la chaleur foit un peu paffée.

A la fin du mois femez du perfil en pleine terre.

Plantez des fraifiers, des framboifiers, des groifeillers tant blancs que rouges, & des rofiers.

Plantez auffi les vignes, les figuiers, les chevrefeuilles, les jafmins, &c.

Produit du Jardin Potager en FÉVRIER.

Nous avons encore quelques cardons.

Nous avons toujours quelques raves, des panais, des bettes, des pommes de terre, des chervis & des fcorfonneres, avec quelques jeunes carottes qui ont été femées en Juillet.

Les afperges fur couche, font

alors beaucoup meilleures que dans le mois précédent.

Les herbes pour l'ufage de la cuifine pendant ce mois, font les mêmes que dans le mois de Janvier.

Les herbes à cuire, font les choux rouges, les brocolis, un peu de choux de Savoye, des épinards & des bettes blanches.

Les falades de ce mois, font compofées des mêmes petites herbes que celles du mois précédent; mais on doit y ajoûter le creffon d'eau & le piffanlit blanchi.

Les concombres femées en Octobre & qui ont réfifté à la force des gelées du mois de Janvier, donneront un peu de fruit à la fin de ce mois, & les haricots femés dans le même temps, fourniront beaucoup.

Il y a des cerifes qui muriffent communément dans ce mois chez M. Jean Milet, qui entretient des

pépinieres fort curieufes à North-
end auprès de Fulham , & on
trouve alors dans le même endroit
des abricots verds.

_____

Ouvrages à faire dans les Jardins,
Potagers pendant le mois de
MARS.

ON ÉPROUVE ordinairement
pendant ce mois des gelées blanches, des bourafques de gref-
le & de pluye, & des vents d'Eft
& de Nord-Eft, qui font beaucoup de tort aux arbres fruitiers
alors en fleurs. Les pluyes qui
tombent dans cette faifon endommagent & brifent les plantes
tendres qui y font expofées, de forte
qu'un Jardinier doit bien prendre
garde alors de mettre fes arbres
& fes plantes à l'abri des injures
du temps. Le foleil agit beaucoup
fur les plantes, quand il n'eft point
interrompu par les tempêtes ; &

les vents perçants qui se joignent avec les rayons du soleil alors très-fréquents, grillent les tiges tendres des plantes qui commencent à pousser, à moins qu'elles ne soient heureusement garanties. Toutes les herbes & les arbres nouvellement plantés, doivent être arrosés avec soin malgré les ondées de pluye qui sont alors assez fréquentes, parce qu'elles ne pénétrent pas fort avant dans la terre : & on doit observer toutes les fois qu'on arrose, que ce soit le matin ; autrement les gelées venant frapper trop subitement sur les plantes nouvellement arrosées, endommageroient leurs racines.

Si on a obmis de faire quelques-uns des ouvrages prescrits pour le mois précédent, il ne faut pas différer plus long-temps ; car les jardins doivent être entierement garnis à la fin de ce mois.

Continuez de femer des raves
& des laitues de Siléfie, des laitues impériales, & pommées
dans toutes les récoltes que vous
mettrez en terre ; car elles feront
dans leur état de perfection avant
que les autres racines & herbes
puiffent couvrir la terre.

Semez la fcorfonnere, les fal-
fifis, & nettoyez les rejettons de
cheruis de la derniere année,
dont vous ne laifferez autour des
plantes que les fibres tendres,
& point du tout des grandes racines.

Semez des pois & des féves.

Faites des plants de baume,
de menthe, de pouillot, de thin,
de fariette, de fauge, de tanaife,
de rhue, & autres herbes vivaces utiles dans le ménage, à l'exception de la lavende & du romarin qui réuffiffent beaucoup
mieux, quand on les plante au
mois d'Avril.

Tranfplantez

Tranfplantez des choux-fleurs pour fucceder à ceux qui ont été plantés en Automne.

Vers le milieu du mois ratiffez & ajuftez vos carreaux d'afperges ; car les tiges commenceront à paroître dans les premiers jours d'Avril ; ainfi fi on differoit cet ouvrage jufqu'à la fin de Mars, on en briferoit néceffairement un grand nombre.

Quand on veut faire de nouveaux plans d'afperges en pleine terre, il faut d'abord pratiquer des fillons, mettre au fond un bon lit de fumier, qu'on recouvrira de 6 ou 8 pouces de terre, & après avoir ainfi préparé & aplani tout le terrein, on commence à planter les afperges à dix pouces de diftance les unes des autres ; on ne met dans chaque planche que quatre rangées de plans, & on laiffe deux pieds de diftance entre les carreaux pour

Tome III. B

faire des fentiers, aprèsquoi l'on feme des oignons par-deffus le tout.

Semez les petites falades dans quelques cantons bien expofés, & ajoutez aux petites herbes du mois dernier des épinards, des raves, & de l'ofeille.

Semez des choux pommés & de ceux de Savoye pour la récolte d'hiver, & du celery pour le faire blanchir de bonne heure. Semez pareillement un peu de choux-fleurs fur une couche dont la chaleur commence à fe paffer.

Semez des cardons pour les tranfplanter le mois fuivant.

Enfuite ajuftez vos artichaux, ne laiffez que trois ou quatre rejettons à chaque groffe racine, & ôtez tous les autres pour les tranfplanter & remplir les vuides du vieux plan.

Regarniffez de fumier neuf les couches de concombres & de melons, & femez-en de nouveaux pour en avoir une pleine récolte.

Tranfplantez les laitues pour pommer ainfi que pour monter en graine. Etayez avec foin tous les arbres nouvellement plantés, pour les défendre contre la violence des vents qui regnent alors.

On peut encore planter des arbres de haute futaye de toutes les fortes, & les bien arrofer auffi-tôt qu'ils font en terre.

Semez de la graine de fapin d'Ecoffe, plante bien négligée en Angleterre, mais qui eft très-utile & croît fort vîte. Il réuffit fort biendans une terre fabloneufe un peu humide, telles que font la plûpart des bruyeres en Angleterre. Ses racines s'étendent auprès de la furface, & par conféquent il ne faut pas les planter trop avant. Si quelqu'un affure qu'il croît dans un terrein ferré, j'en conviendrai avec lui; mais

B ij

je fuis perfuadé que quiconque
en aura vû dans l'une & dans
l'autre de ces efpéces de terreins
différens, reconnoîtra que celui
que j'indique eft au moins d'un
tiers plus favorable que l'autre à
la crüe de cet arbre.

Semez des poreaux, des bettes, du cerfeüil, des épinards,
du fenoüil, de l'aneth, de la pin-
prenelle & de l'ofeille.

Semez la chicorée bien claire, fans quoi elle monteroit en
graine.

Divifez les racines de la ferpentine & tranfplantez-en les divifions à huit pouces les unes
des autres.

Faites de nouveaux plans de
civette.

Vers la fin du mois femez fur
des couches un peu de pourpier,
de la capucine, & des foucis de
France & d'Afrique.

Semez des foucis en pleine terre,

Ayez bien soin pendant ce mois de détruire les mauvaises herbes avant qu'elles montent en graine ; car si leur semence se répand une fois dans le Jardin, tout l'été ne suffira pas pour les déraciner.

Coupez toutes les fortes tiges de houblon au second nœud, détachez tous les jeunes rejettons auprès des racines, & ne laissez subsister que ceux qui partent du vieux corps.

Produit du Jardin Potager en MARS.

CE MOIS nous fournit une très-petite quantité d'herbes différentes pour la Table ; car alors les provisions d'hiver sont presque épuisées, & les racines qui avoient été bonnes jusqu'alors font devenues dures & ligneuses :

B iij

d'ailleurs un Jardinier entendu
doit renouveller dans cette faifon
tout fon terrein en herbes & racines
pour la provifion des mois fuivans.

Les feules herbes bonnes à manger, font les brocolis ; des jeunes
choux pommés, & un peu d'épinards d'hyver.

Les racines font les carottes femées en Juillet, les raves de la St.
Michel, quelque peu de navets femés fort tard & des beteraves.

Nous avons fur les couches des
haricots & un peu de pois fans
compter les concombres qui viennent fur les plantes levées en Janvier.

Les Afperges que l'on recueille
fur la couche faite au mois de Février ont alors un bien meilleur
goût que celles que l'on a coupées
dans les mois précédens.

Les raves femées fur couche
en Février feront en état d'être
arrachées vers la fin de ce mois.

On peut ajouter aux salades du mois précédent un peu de pourpier avec des jeunes têtes de serpentine, dont il ne faudra que quelques feuilles pour relever le goût d'une grande salade.

On ceuille alors les tiges ou sommités du houblon pour les faire cuire, & ils ne le cédent guére aux asperges.

On trouve alors des cerises meures & des abricots verds en grande quantité chez Monsieur Millet dont j'ai déja parlé.

Vers la fin de ce mois nous avons un peu de fraises qui meurissent sur les couches & même un peu de feves pourvû qu'on ait eu l'attention de les presser un peu à l'aide d'une chaleur artificielle ; mais il est rare qu'on soit dédommagé de l'embaras & de la dépense qu'elles causent.

Les tiges & les rejettons tendres des navets qui montent en

graine font alors excellens après
qu'on en a ôté la partie ligneufe.
on les connoît dans les marchez
fous le nom de *Lupins* , & on les
regarde communément comme
une des meilleures herbes à
cuire.

Ouvrages à faire dans les jardins Potagers pendant le mois d'AVRIL.

LE TEMPS eft ordinairement
peu sûr pendant ce mois : il y a
de fréquentes gelées la nuit , &
on doit encore appréhender les
vents d'orient qui apportent la
rouille. La nouvelle Lune de ce
mois que les François appel-
lent Lune roufle , eft ordinairement accompagnée de vents vio-
lents & nuifibles qui détruifent
les rejettons tendres des plantes
& les fruits nouvellement noüés ;
c'eft pourquoi les Jardiniers doi-

vent bien prendre garde de n'expofer encore en plein air aucunes
des plantes exotiques ou de ferre,
& de ne pas trop fe fier aux belles
apparences d'un ou deux jours
de chaleur.

Si le temps eft fec & venteux,
foutenez avec des perches tous
vos arbres nouvellement plantés,
en cas que cet ouvrage n'ait pas
été fait dans le mois précédent;
arrofez-les bien une fois tous les
dix jours, & mettez à l'abri des
vents vos oignons qui montent
en graine; car ils fe brifent facilement.

Plantez des haricots par un
tems fec dans une terre legére a
trois pouces de diftance les uns
des autres dans des rangées éloignées de deux pieds; car ils ne
réuffiroient pas, fi on les mettoit plus proches; on peut alors
planter à la même diftance des
pois verds & des féves pour fuc-

céder aux autres récoltes ; pareillement lorfque les féves ont été plantées trop drues, on en coupe de deux rangées l'une à trois pouces de la racine, & elles produiront une bonne récolte en Automne.

Ce mois eft la faifon la plus favorable de toute l'année pour planter les boutures & rejettons du romarin & de la lavende, furtout immédiatement après la pluye : on peut aufli planter les rejettons de thin, de fauge &c. fi on a obmis de le faire dans le mois précédent.

Semez la dernière récolte des épinards dans quelque endroit humide, & qui ne foit pas trop expofé au Soleil, fans quoi ils monteroient trop vîte en graine.

C'eft maintenant que les Jardins commencent à être inondés d'efcargots & de limaces au grand préjudice des fruits d'efpaliers nouvellement noués & des herbes vertes du potager. On a preſcrit bien des façons de remédier à ce mal, comme de mettre du tabac en poudre, de la ſuye, de la ſcieure de bois & de ſon d'orge autour de la tige des plantes ; à la vérité on les garantit de cette maniere pour quelque tems ; mais la première pluie donne à ces inſectes la facilité de paſſer par deſſus ces défenſes : on ne réuſſit pas mieux en enduiſant de gaudron les tiges des arbres, car il ne faut que quelques jours de chaleur pour le ſécher : mais j'ai appris d'un Gentilhomme curieux, de la province de Hertfort, une méthode très-ingénieuſe pour écarter ces inſectes deſtructeurs ; elle eſt ſi facile, ſi commode & coute ſi peu, que je ne crois pas qu'aucun amateur du jardinage veuille s'en paſſer dorenavant.

B vj

Elle consiste à environner la tige de l'arbre de deux ou trois cercles d'une corde faite avec du crin de cheval telle que celles dont on se sert communément pour étendre le linge ; elles sont si remplies de bouts de crin piquans que les escargots ni les limaces ne peuvent passer pardessus sans se blesser à mort, de sorte que la tête d'un arbre soit nain ou a plein vent ne peut recevoir aucun dommage de ces insectes pourvû qu'on garnisse ainsi le bas des tiges. Mais il faut encore un peu plus de précaution pour garantir les espaliers : car ce n'est pas assez d'empêcher les insectes de passer sur le tronc de l'arbre ; il faut encore attacher une de ces cordes fort près de la muraille de maniere à environner toutes les branches de l'arbre & à laisser une espace suffisant pour lier les branches de l'été dans le cercle que forme la corde ; comme dans la *fig*. 1e. *planch*. 1e. où l'on voit que la corde eft difpofée de maniére qu'à mefure que l'arbre croît en grof-feur & s'étend de plus en plus fur la muraille, la même corde peut-être changée de place & fervir plufieurs années.

A l'égard des efpaliers d'arbres fruitiers qui ne font point appuyés contre les murailles, il fuffit d'en-vironner avec ces cordes les tiges des arbres auprès des racines & le bas de chaque montant du treilla-ge : cet ouvrage doit fe faire en hi-ver, lorfque les efcargots font renfermés & ne paroiffent pas en-core.

Peur conferver les choux-fleurs & autres herbes tendres qui font fujettes à être détruites par ces infectes, il faut environner les ca-reaux où ils font plantés avec ces cordes de crin. Il eft à remarquer

que pour cet ufage les cordes les
meilleures font celles dont le crin
eft fort court ; car alors elles font
plus hériffées de pointes, & mieux
armées contre les entreprifes de
ces infectes meurtriers.

Semez de la laitue pommée
pour fuccéder à celle qui a été
femée le mois précédent.

Le terrein eft alors en état de
recevoir la graine de thin &
des autres plantes aromatiques
femblables : il ne faut pas différer
cet ouvrage plus long-temps que
la derniere femaine de ce mois.
Remarquez que toutes les petites
graines doivent être femées peu
avant dans la terre ; que les plus
groffes doivent être enterrées d'a-
vantage à proportion de leur groffeur ; & que de plus, chaque efpéce de graine doit être plus enfoncée dans les terreins legers
& fabloneux que dans une terre
forte.

Semez du pourpier en pleine terre & vers la fin du mois un peu de graine de capucine, suppofez que les couches ne foient pas déja garnies de jeunes plantes. On doit auffi faire venir dans les plate-bandes découvertes des petites herbes de falade, comme du creffon, des épinards, du fenevé, des navets, & des raves.

On doit continuer jufqu'au milieu de ce mois à planter des fraifiers; mais il faut les planter à huit ou dix pouces de diftance les uns des autres.

Si la faifon eft humide, il eft encore temps de coucher les branches du jafmin, du chevrefeuille, du rofier & autres arbriffeaux femblables.

Semez le celery fur une terre naturelle ou fur quelque couche ufée, afin de fuppléer à celui qu'on à femé au mois de Mars.

Semez des cardons d'Efpagne

en pleine terre pour la feconde récolte : faites des trous à cinq ou fix pieds de diftance les uns des autres pour recevoir la femence , & mettez quatre ou cinq graines dans chaque trou : lorf-que les plantes font levées , on n'en laiffe croître dans chaque trou qu'une feule pour la faire blanchir.

Vers la fin du mois farclez les carottes , les panais & les oignons; les deux premiers doivent avoir cinq ou fix pouces de diftance , & on ne laiffe au dernier que trois ou quatre pouces.

Faites des fillons pour y faire venir une pleine récolte de con-combres & de melons, & retran-chez des plantes de melons du fillon le plus avancé toutes les branches fuperflues ; mais prenez bien garde de ne point déranger les branches courantes : car pour le peu qu'on les détourne , cela eſt capable de briſer les branches tendres d'où s'enſuit ſouvent la perte de toute la plante.

Vers le commennement de ce mois mettez des rames dans la houbloniere & placez-en trois ou quatre dans chaque trou, ſelon la force des plantes. En même temps conduiſez les branches courantes du houblon le long des rames, & même, s'il le faut, attachez-les avec du jonc. C'eſt pour lors qu'il faut détruire toutes les mauvaiſes herbes avant qu'elles montent en graine ; car ſi on les laiſſe une fois repandre leurs ſémences, ou ſe prépare un embarras qui ne finit point.

Si on a eu ſoin de donner à temps une chaleur étrangére aux vignes plantées contre des chaſſis avancés, on peut eſpérer d'y appercevoir alors du fruit : c'eſt la ſaiſon favorable pour pincer l'extrémité des branches à deux ou

trois nœuds au-deſſus du fruit :
car il faut conſidérer que les
plantes qu'on avance par une
chaleur artificielle ne ſuivent pas
les mêmes ſaiſons que celles qui
croiſſent d'une maniére naturelle.

Arroſez bien vos fraiſiers deux
ou trois fois la ſemaine, lorſqu'ils ſont en fleurs, ſi le tems
eſt ſec, & choiſiſſez le matin
pour cela.

Produit du Jardin Potager en AVRIL.

NOUS AVONS pour les ſalades
à cuire, de jeunes carottes ſe-
mées l'automne précédent & des
épinards d'hyver; nous avons encore quelques brocolis que l'on
cueille ſur les vieilles tiges de
choux ou de jeunes choux & des
têtes de raves dont bien des
gens ſe ſervent, quand les herbes

à cuire font rares & qui ne font pas à méprifer, Mais ce qu'il y a de préférable à tout, ce font les afperges qui croiffent alors en grande quantité dans les careaux de terre nouvelle, où elles commencent à paroître dans les jardins d'auprès de Londres vers le trois ou le quatre de ce mois, & plus de quinze jours plutôt dans les cantons de Devonshire auprès de la mer. Je rapporte ici ce fait, afin que le Lecteur foit plus en état de juger combien un dégré de différence au midi ou au nord d'un lieu à un autre eft capable d'avancer ou de retarder l'accroiffement d'une plante. Nous avons auffi quelques rejettons de choux-fleurs qui commencent à monter en graine, ce qui arrive fouvent, lorfque l'hyver a été doux; ils font fort bons à manger.

Les petites raves font alors

fort communes & quelques-unes des laitues brunes de Hollande, qui ont paffé l'hyver pommeront vers la fin du mois.

Les petites herbes à falade qui croiffent en pleine terre font le creffon, les raves, les navets, les épinards & le fenevé : les autres herbes qu'on y peut mêler font la pimprenelle, les ferpentines & les petits oignons. Nous avons auffi fur les couches du petit pourpier.

Vers la fin du mois les haricots que l'on a femés fur une couche au mois de Février font en état d'être cueillis.

Nous avons quantité de concombres fur des couches préparées exprès au mois de Février, & des champignons, fur des couches faites à peu-près dans le même tems.

Nous avons maintenant des échalottes, des porreaux, &

herbes odoriferantes de toutes les fortes, à l'exception de celle qu'on appelle marjolaine d'été.

On trouve maintenant chez M. Millet dont j'ai déja parlé, des cerises mûres & de gros Abricots verds en abondance, aussi bien bien que des fraises mûres sur les plantes que l'on a plantées sur des couches,

Nous avous aussi des groseilles blanches.

Ouvrages à faire dans les Jardins Potagers pendat le mois de
MAY.

QUOIQUE la saison soit assez avancée dans ce mois pour amener les plantes à leur plus haut dégré de perfection, & que la nature soit dans son état le plus brillant, les jardins sont encore exposés à beaucoup de hazards que les nuits glacées & les vents

froids occafionnent fouvent dans
les quinze premiers jours. Il n'y
a pas encore bien long-temps qu'il
tomba une grande quantité de
neige dans la premiere femaine
de ce mois ; & quoique les neiges foient affez rares dans cette
faifon, cependant les pluyes qui
tombent fréquemment au commencement de ce mois font fou-
xent mêlées de grêle qui à mon
avis eft la production de l'air la
plus pernicieufe pour les végétables, parce que leurs feuilles &
les jeunes fruits font alors très-
tendres, & fujets a être endommagés par le moindre accident de
cette efpéce. C'eft une régle parmi les Jardiniers d'expofer en
plein air & de tirer de la terre
au milieu de ce mois les plantes
exotiques & autres arbriffeaux
tendres que l'incertitude du
temps dans les mois précédens
avoit contraint de tenir renfer-

més ; & j'ai remarqué qu'après le quinze de ce mois il eſt rare que le temps ſoit aſſez contraire pour cauſer aux plantes aucun préjudice.

Si les mauvais temps ou quelques autres accidents ont empêché un Jardinier de faire les ouvrages que j'ai récommandés pour le mois précédent , il ne doit pas les différer plus long-temps que la premiere ſemaine de celui-ci. Car quand la ſaiſon eſt ſi avancée , une journée de perdue fait alors plus de tort aux plantes que n'en feroit une ſemaine dans les mois de Janvier, Février , ou Mars.

Viſitez maintenant les carreaux de vos melons, tant de ceux que vous avez ſemés en Février, que de ceux du mois dernier ; arrachez-en les mauvaiſes herbes, & retranchez avec ſoin les branches noyées ; ce que vous connoîtrez

parce qu'elles font plates & e
traordinairement larges. Il eft
propos auffi de couper le fomme
des branches courantes qui po
tent du fruit, précifément
trois ou quatre nœuds au - deffu
du fruit; & on doit avoir at
tention que chaque fruit fo
bien garni de feuilles : car de le
expofer au Soleil lorfqu'ils fo
petits, ce feroit le vrai moye
de les empêcher de croître. Re
marquez qu'il fe paffe enviro
quarante jours depuis que le me
lon eft formé jufqu'à fa matur
té : comme j'ai confeillé de le
couvrir de feuilles pendant l
temps qu'ils croiffent, auffi j
crois que, quand une fois ils on
acquis leur groffeur, on ne fçau
roit trop les expofer au Solei
pour les faire mûrir, fi l'o
veut qu'ils foient d'un bon goû

Si la faifon eft trop féche
noyez plutôt les allées pratiquée
entre

entre les sillons des melons que de verser de l'eau sur les plantes ou auprès des tiges : car l'objet qu'on se propose en arrosant, est de nourrir les extrémités des fibres de la racine qui sont les seules parties par où la plante tire sa nourriture ; or ces fibres des melons & des concombres courent autant dans la terre que les branches font en dehors. Les inconvéniens qui résultent, quand on humecte les feuilles ou les tiges de ces plantes, sont, que l'humidité séjournant trop long-temps sur elles les moisit & les fait pourir ; ou que le Soleil venant à luire par-dessus, les échaude.

L'eau dont on se sert pour cet usage doit être la plus simple que l'on puisse trouver ; car toutes les eaux préparées avec des fumiers chauds ne font que produire des insectes qui souvent détruisent des plantes. Je crois que l'eau d'étang

Tome III. C

qui a demeuré expofée au Soleil
eſt la meilleure, & qu'on ne doit
en donner aux melons qu'une très-
petite quantité ; car trop d'humidité en détruit le goût ; mais les
concombres aiment beaucoup à
être arrofés.

Semez des concombres au commencement de ce mois dans une
terre naturelle, & mettez douze
graines dans chaque trou, de
crainte qu'elles ne manquent ;
mais n'en laiſſez ſubſiſter que quatre ou cinq, lorſqu'elles ſont levées. La terre doit être nouvelle
& bien beſchée, & il vaut mieux
qu'elle ſoit legere qu'autrement ;
car dans un terrein ſerré le fruit
eſt ſujet à être endommagé par
les vers. Cette ſemaille fournira
beaucoup de fruits en Juillet tant
pour confire que pour manger en
ſalade : un plan de cette eſpéce
produit preſque deux fois autant
de fruit qu'un autre de la même

grandeur que l'on a fait pousser à force de fumier.

Semez un peu de laitue brune de Hollande afin de la transplanter le mois suivant pour la faire pommer. On peut aussi transplanter des laitues Impériales & de Siléfie, si on en a d'assez grandes pour cela. Si quelques-unes des laitues Impériales sont pommées, il faut en couper le sommet en travers afin que les tiges à fleurs ayent la liberté de pousser & de monter en graine. Semez aussi quelques Raves.

Transplantez les choux-fleurs & formez vos premiers sillons pour le celery, si vos plantes sont assez fortes.

Semez vos pois de Roncevaux, & vers la fin du mois chauffez & ramez ceux qui ont été semés dans le mois précédent.

On peut alors semer de la chi-

C ij

corée blanche bien claire afin de
la faire blanchir fans la transplan‑
ter.

Semez du pourpier & des
choux dans une terre naturelle.

Otez avec foin les nids de che‑
nilles & autres infeétes qui en‑
dommagent vos arbres , & retran‑
chez‑en toutes les feuilles rou‑
lées ; car elles fervent de retraite
aux infeétes les plus dangereux
pour les plantes , quoiqu'on puiffe
à peine les appercevoir fans le fe‑
cours des microfcopes. Cette opé‑
ration eft d'autant plus néceffaire
que chaque infeéte en produit tous
les ans au moins 400 autres , &
quelque fois plus: par exemple, les
chenilles qui fe nourriffent fur les
choux & qui fe changent en pa‑
pillons blancs ordinaires multi‑
plient deux fois par an , & chacun
d'eux laiffe à chaque fois près de
400 œufs ; de forte qu'après la fe‑

conde ponte, on peut compter avoir 16000 chenilles produites d'une feule.

Continuez à détruire les mauvaifes herbes avant qu'elles repandent leurs graines, & particuliérement celles dont la femence eft garnie de duvet, comme le piffenlit dont le vent emporte la graine dans tous les recoins d'un jardin : car on a bien de la peine à la deraciner, lorfqu'une fois elle en a pris poffeffion.

Produit du Jardin Potager en MAY.

LE JARDIN Potager nous fournit alors beaucoup de variétés tant dans les fruits que dans les herbes.

Les afperges viennent dans ce mois en grande abondance, & les choux-fleurs font dans leur véritable point. Les laitues Impéria-

C iij

les, Royales, de Siléfie & plufieurs autres fortes de laitues pommées font dans leur primeur, &
on en fait dans cette faifon des
falades en les mêlant avec la jeune pimprenelle, le pourpier, les
fleurs de petite capucine & les
concombres : car les petites herbes dont on fe fervoit en falade
dans le mois précédent font à préfent négligées, parce qu'elles
montent prefque auffitôt après
être levées, & qu'elles font trop
chaudes pour la faifon.

Il y a encore quelques haricots
fur les couches.

On recueille pendant ce mois
des pois & des féves qu'on avoit
femés en Octobre ; & on a une
grande quantité d'artichaux.

Nous avons alors des grofeilles vertes propres pour faire des
tourtes & fervir à d'autres ufages.

Les carottes femées en Février
fur des couches font à préfent fort

bonnes ; mais celles qui restent de la récolte semée à la Saint Michel sont trop dures & ne valent plus rien. Les épinards sont encore mangeables.

Vers la fin du mois nous avons des fraises qui mûrissent dans une terre naturelle, des cerises communes de May, & des cerises de Hollande de May en espalier, ainsi que des abricots verds.

Ce mois est le plus propre pour distiller les herbes qui sont alors dans leur plus grande perfection.

Ouvrages à faire dans les Jardins Potagers pendant le mois de JUIN.

LA METHODE que j'ai suivie jusqu'à présent en désignant en peu de mots, sur quel temps on doit raisonnablement compter dans chaque mois, a été destinée prin-

C iiij

cipalement pour engager les Jardiniers à prendre les soins nécessaires de celles de leur plantation qui font les plus exposées à souffrir de l'inconstance du temps: mais comme dans le mois précédent notre plus grand soin & notre exactitude doivent consister à garantir les plantes des gelées, nous devons maintenant chercher avec la plus grande application les moyens convenables pour défendre nos plantations de la trop grande ardeur du Soleil, & veiller avec exactitude principalement fus les plantes qui font nouvellement transplantées, & arroser modérément les extrémités de leurs fibres: car il seroit dangereux de les arroser trop près de la tige : on doit avoir soin pendant ce mois d'arroser le soir.

Continuez à faucher vos gazons de bonne heure le matin & après la pluye.

Semez quelques laitues pour pommer, & transplantez-en d'autres qui font affez grandes pour cela.

On peut auffi femer des raves & de la chicorée.

Continuez à arracher les mauvaifes herbes comme dans les mois précédens.

C'eft maintenant la faifon favorable de tailler les bordures du boüis, fur-tout après la pluye. Mais fi le temps eft fec, on amaffe des herbes pour les fécher, afin de s'en fervir l'hiver, telles que font communément la fauge, la menthe, la marjolaine douce, le thin, la lavende, le romarin & les fleurs de fouci.

Aux environs du vingt de ce mois tranfplantez les poreaux dans une bonne terre legére à environ fix pouces de diftance.

Ne coupez plus les afperges après la première femaine de ce

C v

mois, car cela degraderoit la racine.

La saison est alors très-favorable pour greffer ou écussoner les pêchers & autres arbres à noyaux.

Semez des haricots.

Plantez des pois de *Roncevaux*, à quatre ou cinq pouces de distance dans des rangées éloignées de deux pieds les unes des autres. Elles fourniront une bonne récolte en Septembre.

Visitez maintenant vos espaliers d'arbres à fruits, & couchez une bonne quantité de branches tant pour en remplir les vuides que pour rapporter du fruit.

Produit du Jardin Potager en JUIN.

NOUS AVONS au commencement de ce mois quelques asperges; mais je ne sçaurois conseiller de les couper passée la première semaine.

Nous avons une grande quantité de féves de jardin, de pois, & de haricots. Les choux-fleurs font alors en état d'être mangés, & on pourra couper vers le commencement de ce mois un peu de choux de Battersea, & de Hollande. Nous avons aussi une grande quantité d'artichaux.

On commence à arracher quelques jeunes carottes & oignons qui avoient été semés en Février, & un peu de jeunes panais.

Les salades de ce mois font composées de pourpier, de pim-

C vj

prenelle, de fleurs de Capucine, & de laitues pommées de plusieurs espéces ; sçavoir, la brune de Hollande ; l'Impériale, la Silésienne, & avec un peu de chicorée blanchie & des concombres.

Les tiges à fleurs de la bourache & de la pimprenelle sont alors bonnes à confire.

Les herbes de pot qui servoient dans le mois précédent sont encore bonnes.

Nous avons des groseilles vertes jusqu'à la fin de ce mois.

Les fruits mûrs sont les fraises, les cerises de plusieurs espéces, comme celles du Duc, les blanches, les noires, & les rouges, celles de Flandres, & les cerises carnées, quelques framboises, des groseilles rouges, & les premiers melons. Nous avons aussi des pommes de rambour qui commence à mûrir, & vers la fin du mois quelques calvilles blanches, & des abricots mâles ; pareillement toutes les espéces de raisins précoces que l'on fait venir par artifice sont alors dans leur maturité.

Ouvrages à faire dans le Jardin Potager pendant le mois de JUILLET.

NOus voici maintenant arrivés à cette heureuse saison qui nous fournit presque toutes les espéces de denrées que le potager peut produire ; si le Jardinier a été actif dans les mois précédens, il recueillera maintenant le fruit de son travail & de son industrie. Il ne tombe guère de pluye dans cette saison & le temps est fort chaud : c'est pourquoi notre plus grand soin doit-être d'arroser ponctuellement tous les arbres & les herbes nouvellement plantées afin de nourrir les extrémités de leurs fibres, comme je l'ai déja insinué. Le temps dans lequel on doit arroser pendant ce mois est depuis cinq heures du matin jusqu'à huit, & depuis, cinq heures après midi jusqu'à huit ou neuf heures du soir ; mais dans les endroits particuliers qui ont l'avantage d'être garantis du Soleil par quelques hayes ou murailles, on peut prendre d'autres momens dans la journée pour arroser, en observant le mouvement du Soleil de manière qu'il ne luise pas sur les plantes nouvellement arrosées de plus de deux heures : car la grande chaleur du Soleil dans cette saison de l'année échauderoit une plante nouvellement arrosée, si on ne donnoit pas à l'humidité le temps nécessaire pour s'insinuer dans la terre avant que le Soleil vienne luire dessus.

Ne vous fiez pas trop aux pluyes

subites qui peuvent tomber alors, car elles ne font pas d'un grand secours pour les racines des plantes ; & ne négligez point d'arroser celles qui font expofées en plein air dans des pots ou en caiffes ; car elles tirent encore moins d'avantage des pluyes qui tombent dans cette faifon, que les plantes qui font en pleine terre.

Semez dans les premiers jours de ce mois des haricots & un peu de pois pour les recueillir en Septembre & Octobre, à des endroits où ils puiffent être à l'abri des nuits froides pendant ces mois. Ayez attention de veiller fur les herbes qui montent alors en graine & arrofez-les abondamment ; car c'eft alors que les étuys à graine fe forment, & un ou deux arrofemens leur font d'un grand fecours pour groffir la graine.

Ne différez pas davantage à recueillir les graines qui font entié-

rement mûres & colorées dans les
coffes ; arrachez les plantes toutes
entiéres, & placez-les toutes droi-
tes dans une ferre jufqu'à ce que
les coffes foient féches. Car fi
on attendoit pour les recueillir que
les coffes s'ouvriffent, on perdroit
la plus grande partie de la graine.
C'eft-là la façon la plus ordinaire de la recueillir ; l'humidité des
plantes & un peu de Soleil mûrira la graine, & elle n'aura rien
à craindre de la part des oifeaux
& de l'humidité.

Semez des concombres dans la
première femaine de ce mois fur
une couche faite de litiére de
cheval bien féche & recouverte
de dix pouces d'épaiffeur d'une
terre legere : ils commenceront à
fleurir en Septembre, & alors on
les couvrira pendant la nuit avec
des chaffis ordinaires & des vitrages, pour les garantir des gelées & des pluyes froides : par

ce moyen vous pourrez avoir des concombres jusqu'à Noël.

Semez des laitues Royales, des Silésiennes & des brunes de Hollande vers le milieu de ce mois, il y en aura quelques-unes qui seront pommées pour l'hiver : on peut alors les planter fort proches les unes des autres dans un endroit où on puisse les couvrir de vitrages & leur faire sentir le Soleil : mais il faut avoir soin de les mettre à couvert avant qu'aucunes gelées viennent les frapper, ou qu'elles commencent à pourrir.

Semez dans la seconde semaine de ce mois, des carottes, des navêts & des oignons pour servir pendant l'hiver.

Enterrez vôtre celeri dans les sillons, & plantez-en de nouveaux pour succéder au précédent.

Transplantez des choux-fleurs pour fleurir au mois de Septembre.

Plantez des choux à Pomme & des choux de Savoye pour

fervir en automne & en hiver.

Précautionnez-vous contre les guêpes & les autres infectes qui dévorent les fruits dans cette faifon, en plaçant auprès de vos arbres fruitiers des phioles remplies de miel & de bierre. Vous pourrez en détruire par ce moyen une grande quantité. Renouvellez la liqueur des phioles toutes les femaines, & fur toutes chofes ayez foin d'écrafer les infectes que vous en tirez : car quoiqu'ils paroiffent morts, j'ai fouvent éprouvé qu'un jour ou deux en fait revenir une partie : c'eft pourquoi prenez y garde lorfque vous les jettez hors de la phiole.

Il n'y a point de temps plus favorable que le mois de Juillet pour faire la guerre aux fourmis & autres infectes malfaifans : ils font tous en campagne pour lors, & c'eft le moyen pour pouvoir les détruire (voyez le fecret de M. Lawrence pour détruire les four-

mis & les vers de terre dans
fon Calendrier des jardins à fruits,
pag. 74.)

Ayez foin de détacher toutes
les feuilles pliffées partout où vous
en verrez,& même les petites branches lorfqu'elles font roulées ; car
c'eft là que les infectes deftruc-
teurs forment leurs nids.

Je recommande encore plus expreffement de détruire ces infectes
dévorants parce qu'ils multiplient
d'une manière furprenante, fur-tout
les plus petites efpéces , telles que
celles qui s'attachent aux choux-
fleurs , dont les œufs font 500
fois plus petits que le plus petit
grain de fable vifible ; & dont un
feul à mon avis fuffit pour en produire plufieurs milliers ; de forte
qu'après une feconde génération
ils font en fi grand nombre que fi
chaque œuf que l'on peut trouver
fur un choux-fleur frappé de la
rouille étoit un globe d'un pouce

de diamettre, il pourroit remplir
plus d'espace que tout le globe
terrestre ensemble; la petitesse surprenante des œufs de ces créatures paroîtra sans doute bien surprenante à ceux qui n'ont pas l'habi-
tude de se servir de microscopes;
mais ceci n'a rien de plus éton-
nant que ce que nous a appris le
célébre Docteur Hook dans ses
Ouvrages où il parle des graines
de la mousse qui sont si petites
que 90000 rangées les unes auprès
des autres en ligne droite n'ex-
céderoient pas la longueur d'un
grain d'orge, & qu'il en faudroit
au moins 1382400000 pour peser
un grain. Mais voyez sur ces petits êtres la Micographie de M.
Hook, les Ouvrages de M. Lewen-
hoeck dans les transactions philo-
sophiques, & la lettre de M. Balle sur la peste, qui est à la suite de
mon chapitre de la rouille dans le
troisiéme livre de cet ouvrage.

Labourez & arrachez les mauvaifes herbes comme dans les mois précédens.

Vers le 20 de ce mois femez quelques chqux-fleurs pour paffer l'hiver ; car fi on veut avoir de bonnes fleurs dès le commencement du printemps, il faut profiter de la faifon favorable pour cet ouvrage ; pour avoir été femés quelques jours trop-tôt ou trop tard, elles viennent fouvent avant leurs faifons, ou mûriroient trop tard, & deviennent beaucoup trop foibles. Si l'hiver eft doux & que les plantes foient ferrées les unes contre les autres, il y en aura beaucoup qui monteront en graine ; mais fi les gelées & la faifon rude commencent dans le mois de Novembre, il y aura une partie de cette femaille qui aidée des fecours ordinaires formera de bonnes plantes précoces. Quoiqu'il en foit, comme la valeur d'un

peu de graine de plus n'a rien qui
puiffe arrêter un curieux, je con-
feille d'en femer encore la première femaine du mois prochain,
comme je le dirai expreffement
dans fon lieu : il eft moralement
impoffible que ces deux femailles
ne produifent pas au moins une
bonne récolte : car fi la première
monte, elle ne fera pas tout-à-
fait inutile; & alors celle qu'on aura
femée en Août produira certainement de bonnes fleurs au printemps.

Semez du cerfeuil pour l'hiver.

On arrache dans ce mois les
échalottes, l'ail & la rocambolle, lorfque leurs tiges jauniffent.

Quand les tiges des oignons
changent de couleur, il faut les
arracher par un temps fec & les
expofer au Soleil jufqu'à ce qu'elles foient entièrement féches pour
les refferrer & s'en fervir pendant
l'hyver. Mais il faut prendre garde

que la pluye ne tombe point deffus après qu'on les a levées de
terre.

Tranfplantez la chicorée pour
la faire blanchir aux approches de
l'hyver.

C'eft à préfent la faifon de lier
les cardons avec de la paille pour
les faire blanchir. Faites une couche pour y faire venir des champignons , & ayez foin de ne la
couvrir que de deux pouces de
terre tout au plus ; car c'eft de-là
que dépend la réuffite.

Arrachez les mauvaifes herbes
dans les pépiniéres nouvelles des
arbres de haute futaye.

Produit du Jardin Potager en JUILLET.

NOUS AVONS les pois de *Ronce-vaux*, les féves de Jardins & les haricots, & il y a des personnes qui recommandent de cueillir les po's aîlés tout nouveaux & de les accommoder comme les haricots.

Nous avons des choux-fleurs & des choux pommés en abondance ; il y a aussi des petits rejettons d'artichaux que l'on mange cuits ou en friture.

Toutes les espéces d'herbes pour les Potagers sont fort bonnes maintenant, pourvû que le Jardinier ait soin de les couper de temps en temps jusqu'au ras de terre pour les faire pousser de nouveau. Les herbes aromatiques sur-tout fur-tout font alors en état d'être ceuillies.

Les falades de ce mois font compofées de laitues pommées, de pourpier, de ferpentine, de pimprenelle, de petits oignons, de concombres, de fleurs de capucine, & d'un peu de chicorée blanchie.

Nous avons de jeunes carottes, des navêts & des bettes.

Nous avons une grande quantité de melons mufqués, des grofeilles rouges, des grofeilles vertes, des framboifes, des cerifes, des prunes, des abricots, des pêches, & des pavies.

Les pommes appellées *Junirings*, & *codlings* font alors dans leur maturité. Il y a auffi quelques poires. Nous avons encore des fraifes de bois : les premières figues meuriffent à la fin de ce mois, & quelques-uns des raifins appellés raifins de Juillet.

Tome III.   D

Ce mois eſt la ſaiſon la plus favorable pour confire les concombres.

Ouvrages à faire dans les Jardins Potagers pendant le mois d'AOUST.

PENDANT la première partie de ce mois le temps eſt ordinairement chaud & ſec : ainſi il
eſt toujours néceſſaire d'arroſer ;
mais vers la fin du mois il ſurvient
quelquefois quelques petites gelées pendant la nuit ; & j'ai remarqué que c'eſt alors que commencent nos premières pluyes.

On doit arroſer le ſoir juſqu'au
quinze de ce mois ; mais après
cela il faut plutôt choiſir le matin à cauſe de la gelée.

On ſeme pendant la première
ſemaine une ſeconde récolte de
choux-fleurs que l'on deſtine à

paſſer l'hyver, pour ſuppléer à la première en cas qu'elle monte en graine, ce qu'elle eſt ſujette à faire lorſque le temps eſt doux juſqu'à Noël, ou que la terre eſt legère & baſſe, principalement ſur les bords de la mer. Il eſt bon de ſe précautionner contre de pareils accidents.

Semez des raves, des choux blancs, des choux verds & des oignons pour paſſer l'hyver.

Semez de la laitue, du cerfeuil, des doucettes & des épinards pour des ſalades d'hyver.

C'eſt alors qu'il faut couper les tiges des artichaux qui ont produit du fruit.

Semez du creſſon pour ſervir pendant l'hyver. Il eſt fort bon pour relever le goût des ſalades que l'on a fait venir ſur les couches en Décembre, Janvier &c.

Tranſplantez des laitues pommées pour paſſer l'hyver & ſur-tout l'espéce brune de Hollande.

Liez la chicorée frisée pour la faire blanchir.

Ramaffez la terre autour du celery que vous faites blanchir, & continuez la même opération tous les quinze jours jufqu'à ce qu'il foit en état d'être mangé. Receuillez les graines de la manière qui a été indiquée dans le mois précédent.

Continuez encore à arracher les mauvaifes herbes, & à détruire les infectes qui endommagent vos arbres.

Vers la fin du mois cueillez & replantez les herbes aromatiques telles que la fauge, le thin, l'hifope &c. & coupez à trois ou quatre pouces de terre celles qui montent en graine.

On doit femer jufqu'au dix du mois des navêts en plein champ, fur-tout aux environs de Londres; car non-feulement ces racines produifent une récolte avantageufe, mais encore ameliorent toutes lès terres legéres. Dans les cantons de la province de Devon qui font fitués auprès de la mer, il eft encore temps de les femer au 20 de ce mois ; car ce pays eft fi avantageufement fitué que les plantes y mûriffent 15 jours plûtôt que dans tous les autres endroits des environs de Londres ; & je trouve d'après toutes les obfervations que j'ai pû faire que toutes les plantes croiffent près de quinze jours plus tard aux environs de Northampton que dans nos jardins de Londres ; ainfi il faut dans ces endroits femer les navêts à la fin de Juillet ou dès le commencement d'Août.

Produit du Jardin Potager en AOUST.

NOUS AVONS parmi les herbes à cuire des choux pommés & les brocolis des premiers choux pommés, des choux-fleurs, des artichaux, des laitues pommées, des bettes, des carottes, des truffles blanches & des navêts; mais il ne faut pas encore toucher aux autres racines à cuire.

Nous avons encore des féves, des pois & des haricots.

Toutes les herbes potagéres de ce mois sont les mêmes que celles du mois précédent. Nous avons aussi des raves & des radis.

Les salades de ce mois sont les laitues pommées & les concombres parmi lesquels on mêle du cresson jeune, du senevé,

des feuilles de raves , & un peu
de serpentine.

Les racines séches que l'on a
alors dans les maisons , font les oignons , l'ail , les échalottes & la
rocambole.

Nous avons pendant ce mois
des concombres en quantité pour
confire ; & on ne doit pas différer plus long-temps à le faire ;
car la première gelée ou les grandes pluyes les détruiroient entiérement. Nous avons aussi beaucoup de melons musqués.

On commence à couper du celery vers la fin de ce mois.

Nous avons encore un peu de
groseilles blanches , des framboises & des groseilles rouges , plusieurs sortes de cerises , des abricots , différentes espèces de prunes , des pêches , des pavis , des
poires , des pommes , plusieurs
espèces de figues , des mûres &
des avelines.

D iv

Nous avons auſſi des raiſins de
Juillet, le raiſin fondant de M.
Fairchild, & ſon petit bleu qui
eſt le morillon, & un excellent
raiſin pour faire du vin, & le raiſin bourguignon.

Ouvrages à faire dans les jardins Potagers pendant le mois de SEPTEMBRE.

LE JARDINIER à beaucoup
d'ouvrage à faire pendant ce mois,
& doit travailler de tête auſſi bien
que de corps pour garnir ſon potager de toutes les choſes néceſſaires pour l'hyver. Les pluyes
qui ſont aſſez communes dans cette ſaiſon préparent le terrein à recevoir la plûpart des plantes &
des graines ; & les grandes chaleurs qui diminuent donnent la
commodité de replanter bien des

chofes qu'il eût été dangereux de
remuer dans les mois précédens.

Dans le commencement de ce
mois labourez les navêts pour la
première fois.

Si le temps eſt ſec, cueillez les
fruits qui ſont aſtuellement mûrs
ſur les arbres, & les autres qui
ont pris tout leur accroiſſement
& qui ſont en état d'être reſerrés
dans la maiſon pour l'uſage des
deux mois ſuivans.

Remarquez que les poires ou
pommes qui ſont en état d'être
cueillies, ſe détachent aiſément
de l'arbre, & qu'ainſi il ne faut
pas faire d'effort pour les ceuillir:
car les fruits qui ne quittent pas
aiſément la branche, ſe fanneront
& n'auront point de goût.

Amaſſez les petites graines qui
ſont alors dans leur maturité, &
ſuivez à cet égard les régles que
j'ai preſcrites cy-devant.

D y

Recueillez votre graine de poreaux quand elle eſt meure en coupant les têtes de deſſus les tiges ,
& les faiſant ſécher tous les jours
au Soleil ſur du papier juſqu'à ce
qu'elles ſoient en état d'être bat-
tues.

Cueillez les coſſes de féves &
de haricots & les faites ſécher au
Soleil , pour les reſſerrer juſqu'au
printemps ou juſqu'au temps que
vous voudrez vous en ſervir ; mais
ne les écoſſez pas juſqu'à ce que
la terre ſoit en état de les recevoir ; car les coſſes conſervent la
graine. Recueillez de la même
maniére vos eſpèces de pois d'é-
lite.

Les concombres qui ſont alors
ertiérement mûrs doivent être
ouverts , & on en ôtera les graines
& la pulpe pour les laiſſer pendant deux ou trois jours enſemble
avant que de les nétoyer. On doit

enfuite faire tremper la graine dans l'eau pendant vingt quatre heures, & la mettre fécher au Soleil pendant dix jours. On prendra garde que toutes les graines foient entiérement féches avant que de les renfermer, fans quoi elles pourriroient.

Il faut alors couvrir toutes les nuits les concombres qu'on a femés en Juillet.

Semez un peu de raves d'Efpagne pour vous en fervir pendant l'hyver.

Faites des couches de la manière que je l'ai prefcrite cy-devant pour y faire venir des champignons.

On doit encore tranfplanter de la chicorée & de toutes les efpéces d'herbes à racines fibreufes.

Continuez d'enterrer le celery, & élevez la terre autour de vos cardons pour les faire blanchir.

Semez des épinards pour être

D vj

coupés dans le mois de Février.
Semez encore de l'oseille & du
cerfeuil.

Formez des plans de choux
blancs & de choux verds.

C'eſt à préſent la ſaiſon favorable pour tranſplanter les fraiſiers.

Plantés des carreaux de laitues
brunes de Hollande pour paſſer
l'hyver.

Tranſplantez vos jeunes choux-
fleurs dans les endroits où vous
voulez qu'ils fleuriſſent, & dans
des pepiniéres auprès de quelques
murailles chaudes ou de quelques
autres abris : remarquez que ceux
qu'on tranſplante maintenant fleu-
riront au moins quinze jours plutôt que ceux que l'on plante au
printemps, & produiront des
fleurs beaucoup plus groſſes,
pourvû qu'on les garantiſſe bien
des gelées par le moyen des cloches.

Si la faifon eft féche , arrofez pendant les matinées.

La dernière femaine de ce mois, s'il eft tombé de la pluye , eft un temps très-propre à planter des arbres fruitiers , quoique les feuilles n'en foient pas encore tombées ; par exemple , les pêchers , les cerifiers , les pavies &c , mais les poiriers & les pommiers ne doivent être plantés que dans le milieu du mois fuivant.

On doit alors tranfplanter les racines d'afperges.

Semez des petites herbes pour les falades dans quelque endroit bien expofé , en obfervant d'avoir dans cette faifon des fournitures qui foient plus chaudes au goût que celles dont on fe fervoit dans les mois précédens ; car les foirées qui font le meilleur temps pour manger les falades , font froides maintenant.

Semez de la graine de capuci-

ne dans des pots pour paſſer l'hyver; elle réuſſira fort bien pourvû qu'on la renferme dans une ſerre ordinaire.

Produit du Jardin Potager en SEPTEMBRE.

Nous avons maintenant pluſieurs eſpéces de pêches, de raiſins, de figues & de pommes,
& même quelques eſpéces de
prunes tardives.

Nous avons encore des melons
& des concombres.

Les noix ſont bonnes maintenant, & les noiſettes ſont entiérement meures.

Ce mois nous fournit quelques
nouvelles féves de Jardin & des
pois de *Roncevaux*, & nous avons
encore un peu de haricots.

Il y a maintenant de fort bons

fruits & des rejettons fur les artichaux qui ont été plantés au printemps , & nous avons toujours
beaucoup de choux-fleurs.

Il y a auffi plufieurs efpéces
de laituès pommées & des raves
qui font en état d'être mangées.

Les falades de ce mois font
compofées de creffon, de raves,
de cerfeuil, de petits oignons, de
la ferpentine; on a de la pimprenelle & de la laitue avec du celery &
de la chicorée blanche. Nous avons
quantité de champignons fur les
couches & dans les terres de paturages.

Il y a auffi des carottes, des
navets, des chervis, de la fcorfonére, des bettes blanches, & des
beteraves.

Les racines pour l'ufage de la
cuifine font les radis, les oignons, l'ail, les échalottes, &
la rocambole.

Nous avons beaucoup de choux

pommés, des brocolis & quelques
choux de Savoye; mais les derniers font beaucoup meilleurs à
manger lorſque la gelée a paſſé
par-deſſus.

Ouvrages à faire dans les Jardins Potagers pendant le mois d'OCTOBRE.

ON DOIT alors profiter du
temps pour achever de planter
les herbes néceſſaires pour l'hyver. On peut eſpérer un temps
raiſonnablement bon pendant la
plus grande partie de ce mois:
mais après cela notre principal
objet doit être de garantir des ri-
gueurs de la ſaiſon toutes les
plantes qui ſont en danger d'être
endommagées par les gelées &
les grands vents.

C'eſt dans la première ſemaine

de ce mois que je conseille de
semer les concombres dans une
terre naturelle pour les transplanter ensuite dans des pôts où on
puisse les garantir de la froidure
des nuits, jusqu'à ce qu'ils ayent
besoin d'une couche douce. Cette maniére de faire venir les concombres pour en avoir de bien
bonne heure est beaucoup meilleure que de les semer en Décembre ou Janvier suivant la méthode ordinaire ; car ces plantes
réussissent mieux à l'air froid que
celles que l'on fait venir, lorfque la terre est couverte de neige.

Plantez maintenant quelques
haricots dans des corbeilles à l'a-
bri de quelques murailles chaudes pour être ensuite poussées sur
des couches temperées à mesure
que la saison devient fâcheuse :
en les gouvernant avec soin, ils
viendront de fort bonne heure.

Levez de terre les plantes de

choux-fleurs qui commencent à
fleurir; liez leurs feuilles enfem-
bre & enterrez dans le fable leurs
racines & leurs tiges dans un cellier ou quelqu'autre endroit frais;
les fleurs augmenteront en groffeur & fe conferveront deux ou
trois mois.

Coupez auffi les artichaux avec
de longues queues ; & pour les
conferver dans la maifon enfon-
cez leurs tiges dans le fable.

C'eft maintenant la faifon de
recueillir, pour la provifion de
l'hyver, les différentes racines, telles que les carottes & les panais:
il y a des Jardiniers qui penfent
qu'il faut auffi arracher les navets
& les enterrer dans le fable; mais
j'aimerois mieux les laiffer dans
la terre jufqu'à ce qu'on fût preft
à s'en fervir; & à l'égard des deux
autres efpèces de racines, je pref-
crirois la méthode fuivante. Choi-
fiffez dans vôtre jardin un endroit

fec, creufez-y un foffé de fix ou huit pouces de profondeur, & fans y méler ni terre ni fable, couchez-y vos racines bien ferrées les unes contre les autres après en avoir coupé d'abord les têtes vertes & les tiges montantes, & recouvrez-les enfuite avec de la paille de bled de fix pouces d'épaiffeur, & en dos d'âne. On pourra de cette manière les réferver pour le befoin jufqu'au mois de Juin fuivant.

C'eft alors le temps le plus favorable de l'année pour tranfplanter les arbres à fruit, quoiqu'ils ayent encore leurs feuilles.

Tranfplantez toutes les efpèces d'arbres de foreft depuis le commencement de ce mois jufqu'à la fin, mais fur-tout dans la première femaine. Commencez par l'orme, quoique fes feuilles foient encore vertes : j'en ai vû

l'expérience à Mamhead dans le
Comté de Devon chez Monfieur
Thomas Balle Ecuyer, qui eft un
Gentilhomme curieux & fort fça-
vant.

Vers le milieu de ce mois, femez du marc de cidre dans des
carreaux de terre nouvelle afin
d'avoir des fauvageons pour greffer ou même pour en former des
vergers fans les greffer. On peut
tirer d'une pepiniére de cette nature autant d'efpèces différentes
qu'il y a de plantes, quoique les
graines viennent toutes du même
arbre, tant la nature aime à varier
fes productions. En effet fi la terre étoit plus conftante & plus
uniforme dans fes productions,
fa faculté végétative feroit trop-
tôt épuifée ; car je conçois que
fi tous les pommiers étoient exactement les mêmes, ils tireroient
tous de la terre la même nourri-

ture ; & on pourroit raifonner de
la même façon de chaque autre
claffe de végétables. Mais cette
variété femble me juftifier l'idée
que j'ai toujours eûe , qu'il y a
dans la terre autant de qualités
diftinctes , qu'il y a d'efpèces
différentes de plantes qui y croiffent , & que chaque plante ne tire
de la terre que l'efprit qu'elle eft
naturellement difpofée à recevoir , & laiffe tous les autres fans
y toucher. Si on admet le fiftéme
de la génération des plantes tel
que j'ai tâché de l'expliquer dans
le premier livre de cet ouvrage , les variétés fans nombre que
l'on apperçoit dans les plantes
femblent venir de l'accouplement
d'une plante avec une autre , c'eft-
à-dire , de ce que la farine fécon-
dante d'une efpèce étant empor-
tée dans l'air , & s'arrêtant fur les
parties femelles des fleurs d'un

autre arbre changent les propriétés de fa femence, & la feconde de façon à lui faire produire un arbre différent à tous égards de la mere-plante.

Confervez maintenant les glands de chêne & la graine des autres arbres de haute futaye dans du fable bien fec.

On doit auffi tranfplanter les choux pommés & les choux-fleurs, & planter la derniére récolte des laitues pour paffer l'hyver.

Les concombres que j'ai confeillé de femer au mois de Juillet doivent maintenant être foigneufement couverts toutes les nuits; on doit même les laiffer fous des vitrages pendant les vents & l'humidité ; mais il faut leur donner autant d'air que l'on peut pendant le jour, fi la faifon le permet: continuez à enterrer le celery pour le faire blanchir.

Vers la fin du mois enterrez, & ajuſtez vos artichaux.

Semez du creſſon, de la laitue, du ſenevé, des raves, dès panais & des épinards ſur une couche uſée pour en faire des ſalades.

Si vous n'avez pas encore fait une proviſion de laitues qui ſoient déja en train de pommer pour l'hyver, ne differez pas plus long-temps à la faire dans quelque canton bien expoſé, où elles puiſſent être à l'abri de la gelée.

Cueillez maintenant par un temps ſec les poires & les pommes qui ſe trouveront entiérement mûres & mettez les ſur de la mouſſe ſéche dans la fruiterie.

Semez de la graine de rave dans quelques endroits chauds, afin d'en avoir dès le commencement du printemps.

Semez un peu de pois hâtifs &

des féves d'Espagne dans quelques plate-bandes bien exposées,
& à l'abri d'une haye épaisse,
plutôt qu'au pied d'une muraille.

Multipliez les groseilles blanches, les framboises & les groseilles rouges soit de bouture, ou par
le moyen des rejettons.

Plantez maintenant dans des
pots des pommiers greffés sur des
pommiers de paradis, ils rapporteront même lorsque les arbres
sont fort petits ; & on pourra les
servir sur table, où ils jetteront
beaucoup d'ornement.

Plantez aussi quelques racines
de Menthe sur une couche tempérée.

Produit

Produit du Jardin Potager en OCTOBRE.

NOUS AVONS encore dans ce mois quelques choux-fleurs, des artichaux, des pois, & des féves.

Les haricots femés en Juillet produiront maintenant de bons fruits, pourvû qu'on les garantiffe des nuits froides.

Nous avons encore des concombres & quelques melons.

Les racines à cuire font les navêts, les carottes, les panais, les chervis, les pommes de terre, la fcorfonére, & les bettes.

Les racines qui fe mangent crues font les oignons, les échalottes, l'ail, & la rocambole.

Les herbes de falade font le creffon, le fenevé, le cerfeuil, les raves, les navêts, les épi-

Tome III.   E

nards , les petites laitues & plufieurs fortes de laitues pommées ;
la pimprenelle , la ferpentine ou
eftragon , les petits oignons , le
celery & la chicorée blanche.

Nous avons auffi des cardons.

Les herbes pour la foupe & les
autres ufages de la cuifine font le
perfil , la poirée , & toutes les herbes aromatiques.

Les fruits mûrs dans ce mois
font les dernières pêches & prunes , les raifins , les figues , & les
mûres. Un peu de noifettes & des
noix , & une grande quantité de
poires & de pommes.

Nous avons auffi des champignons en abondance.

Ouvrages à faire dans le Jardin Potager pendant le mois de NOVEMBRE.

CE MOIS est sujet à des vents violens, à des gelées nocturnes & à de grandes pluyes, qui se succédent les unes aux autres & font beaucoup de tort à nos jardins & vergers. Il ne suffit pas de mettre à couvert des gelées picquantes, les plantes tendres & de les garantir des pluyes froides qui tombent dans cette saison ; mais il faut aussi mettre les arbres fruitiers & les arbres de forêt nouvellement plantés à l'abri des vents violens qui soufflent de l'ouest pendant ce mois & qui romproient ou déracineroient ces arbres, si on ne les soutenoit avec de forts appuys.

E ij

Car rien à mon avis ne contribue
tant à détruire un jeune arbre que
de le laisser sans soutien & exposé à la merci des vents. Ses jeunes fibres les derniéres formées
se brisent , & toutes les parties par
où la séve passe pour monter dans
le sommet , sont froissées & endommagées ; de sorte que la séve
n'ayant plus une circulation libre,
le sommet de l'arbre n'en est fourni
qu'à moitié, & tout l'arbre languit.

Faites maintenant des tranchées
dans la terre & la disposez par sillons afin de l'attendrir.

Plantez des féves d'Espagne &
un peu de pois hâtifs dans quelques endroits bien exposés.

Préparez maintenant une couche temperée pour les concombres semés en Octobre & pour
les haricots du même temps ;
mais ne les plantez pas ensemble,
car la chaleur nécessaire pour con-

ferver un concombre détruiroit
les haricots.

Faites auffi des couches d'Afperges pour en avoir au mois de
Décembre : fi on n'en a pas
des racines dans fa propre pépiniére, on doit en prendre dans
quelques vieux plans ufez. Mettez
les racines proches les unes des
autres fans les rafraîchir : ayez
foin qu'elles n'approchent pas à
plus de deux pouces du fumier,
& que leur germe foit recouvert
au moins de 4 pouces de terre :
(Voyez les inftruations que j'ai
données à ce fujet dans le quatriéme livre de cet ouvrage, chapitre quatriéme.)

C'eft à préfent le temps favorable pour coucher les branches de
la vigne, fur-tout celles qui doivent rapporter l'année fuivante,
afin de les faire croître dans les
pots pour pouvoir les fervir fur
table dans les grands repas. L'on

doit choifir pour cela des branches de la même année, & les
faire paffer par un trou pratiqué
au fond du pot de maniére que
quand il eft rempli de terre il
puiffe y avoir un nombre de bourgeons fuffifant au-deffus de terre.
Une branche forte peut en porter
jufqu'à huit ou neuf, & les autres
quatre, cinq, ou plus à proportion
de leur force.

Taillez dans ce mois vos vignes placées dans des plates-bandes découvertes & en vignoble;
plantez-en de nouvelles où il en
manque, elles rapporteront abondamment ; & leur fruit mûrira
fort bien fans le fecours d'une
muraille, pourvû qu'on choififfe
le raifin noir qui eft le meilleur
pour cela, le mufcat blanc & le
frontignan noir, & fur-tout fi on
les gouverne bien comme dans le
jardin de Monfieur Rigaud auprès de *Swallow-Street* où ces

efpèces plantées dans des plates-bandes découvertes ne manquent jamais de rapporter beaucoup de fruits.

Continuez toujours à planter des arbres fi le temps eft beau, & multipliez alors les grofeilles blanches & rouges & les vignes par le moyen des rejettons ou des boutures.

Plantez la menthe fur des couches temperées.

Semez de la laitue, du crefion, du fenevé, des raves, des navéts & des épinards fur des couches pour en faire de jeunes falades.

Enterrez le celery, & liez les plantes de chicorées pour les faire blanchir.

C'eft à préfent la faifon la plus favorable pour couper les plantes des afperges, quand elles jauniffent : il faut les couper à deux ou trois pouces de terre, & pren-

E iiij

dre un peu de la terre des fentiers pour la répandre fur les carreaux ; ou bien fi votre plan d'afperges eft ufé, il faut le recouvrir
d'une bonne terre.

Continuez toujours à faire des
tranchées dans votre terrein ; &
répandez pendant les gelées du
fumier & autres engrais dans les
endroits qui ont befoin d'être fû-
més ; car alors on ne rifquera pas
de gâter les fentiers.

Semez des pois hâtifs, & des
féves d'Efpagne en pleine terre ;
& fi le temps eft beau, garniffez
le pied de ceux qui ont été femés
en Septembre.

Produit du Jardin Potager en NOVEMBRE.

NOUS AVONS dans ce mois des choux-fleurs dans la ferre & quelques artichaux.

Les racines dont on fe fert dans ce mois font les carottes, les panais, les navêts, les bettes, les chervis, la fcorfonére, les raiforts, les pommes de terre, les oignons, l'ail, la rocambole, & les échalottes.

Les herbes à mettre au pot, font le celery, le perfil, l'ofeille, le thim, la fariette, les feuilles de bettes & l'orvale : parmi les herbes féches nous avons la menthe, la marjolaine douce & les fleurs de foucis.

Les herbes deftinées à faire des falades cuites font les choux pommés, les brocolis, quelques choux de Savoye & des épinards.

Nous avons des concombres sur les plantes semées en Juillet pourvû qu'on les ait bien garanties de la pluye & de la gelée.

Les salades de ce mois font des petites herbes produites sur la couche, comme la pimprenelle, la laitue pommée, le celery, la chicorée blanche & les petits oignons.

Nous avons encore quelques raisins, des pêches & des figues avec des poires & des pommes de plusieurs espéces, des noix, des noisettes, des chataignes, des neffles, des cormes, & un peu de fruit d'arboisier.

Ouvrages à faire dans le Jardin Potager pendant le mois de DÉCEMBRE.

CE MOIS qu'on appelle communément le *mois noir* eft fujet à tous les mauvais temps qui font contraires aux plantes naturellement tendres ; tous les végétables de notre climat femblent alors être dans l'inaction : les jours font courts, & le moindre rayon de Soleil fait fouhaiter le printemps à tous les curieux amateurs des jardins. Cependant c'eft maintenant qu'un habile Jardinier fait connoître fon adreffe en aidant la nature à produire par le fecours de l'art des fruits & des herbes qu'elle ne feroit jamais capable de faire venir, fi on ne l'aidoit confidérablement. Défendez bien

E vj

vos plantes contre la rigueur des gelées qui commencent ordinairement à régner avec beaucoup de violence pendant ce mois.

Pendant les mauvais temps & sur-tout pendant les longues soirées, un Jardinier doit s'occuper dans son laboratoire à préparer ses outils de Jardinage, & à fabriquer pour les plantes tendres les abris qui feront alors néceffaires. Il doit fe pourvoir de bandes de toiles pour clouer, vifiter de temps en temps fa fruiterie, & en ôter les fruits qui font tant foit peu endommagés, de crainte qu'ils ne pourriffent les autres.

Vifitez les arbres fruitiers de vôtre verger, retranchez-en les branches qui font de l'embarras dans vos arbres, & enduifez toutes les coupes un peu confidérables avec le mêlange fuivant.

Prenez une quantité égale de cire, de réfine & de gaudron ;

ajoutez-y environ une demi dofe de fuif; faites fondre & mêlez le tout enfemble dans un vafe de terre bien verni; & auffi-tôt après avoir coupé des branches, trempez un pinceau dans ce mêlange, & en couvrez la coupe. Vous empêcherez par ce moyen l'humidité & l'air froid de pénétrer dans l'intérieur de la branche & de la pourrir.

Tendez des piéges dans votre jardin pour prendre les animaux qui dans cette faifon détruifent vos racines & vos graines.

Lorfque le temps eft ferein, l'on peut femer des pois & des féves des mêmes efpéces & de la même maniére que je l'ai indiqué pour le mois précédent.

Nous devons maintenant vifiter exactement nos couches & en augmenter la chaleur, fi elles commencent à fe réfroidir, en les regarniffant avec du fumier chaud : mais il ne faut jamais perdre de vûe que l'objet de ces couches est plutôt de garantir les plantes du froid, que de les faire croître plus vîte. Si on a eû soin de faire venir des concombres & des haricots comme je l'ai indiqué dans le mois d'Octobre, on les verra pour lors en fort bon état, & ils feront beaucoup plus capables de réfister aux gelées que ceux que l'on a femés au commencement de ce mois, comme bien des Jardiniers ont coutume de faire.

Vers le milieu de ce mois préparez une couche pour y mettre des afperges, de la même manière que l'on a fait en Novembre.

Semez fur une couche des laitues, des raves, du creffon, du fenevé, & des autres herbes chaudes que l'on coupera toutes petites pour en faire des falades.

Faites porter dans votre jardin pendant la gelée les engrais néceſſaires pour fumer vôtre terrein.

Produit du Jardin Potager en DECEMBRE.

NOUS AVONS maintenant pluſieurs eſpèces de choux pommés, leurs brocolis, & des épinards.

Nous avons auſſi dans la Serre quelques choux-fleurs & des artichaux conſervés dans le ſable.

Les racines de ce mois ſont les mêmes que dans le mois dernier.

Les ſalades ſont compoſées de petites herbes que l'on fait venir ſur la couche ſous des vitrages, comme la menthe, la ſerpentine, la pimprenelle & les laitues pommées avec un peu de creſſon & de cerfeuil que l'on fait venir dans une terre naturelle, qui font d'un haut goût & relevent beaucoup les falades de cette faifon : nous avons auffi outre cela le celery & la chicorée blanche.

Les herbes pour la foupe & pour l'ufage de la cuifine font la fauge, le thin, la fariette, les feuilles de poirée, les teftes de petits pois, le perfil, l'ofeille, les épinards, le cerfeuil, le celeri & les poireaux avec la marjolaine douce, les fleurs de fouci & la menthe féche ; car la menthe verte eft fort rare dans cette faifon ; & n'eft pas fi bonne pour les fauces que pour les falades.

Nous avons des afperges fur les couches, & pour le peu qu'on ait été foigneux, on a encore quelques concombres fur les plantes femées en Juillet & Août.

Il y a auffi des poires & des pommes en abondance.

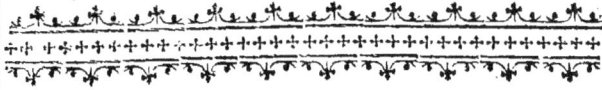

CALENDRIER
DES JARDINIERS.

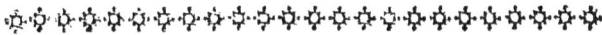

SECONDE PARTIE.

Où on enseigne la façon de gouverner les plantes
de Serre & les fleurs des Jardins, pendant
toute l'Année.

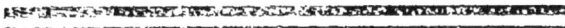

*Ouvrages à faire dans la Serre &
dans les Jardins à fleurs pendant le mois de Janvier.*

SI LE TEMPS est bien rude pendant ce mois, répandez un peu
de litière sur vos carreaux d'Anemones & de Renoncules ; ou si
ces carreaux de fleurs sont déja
couverts de neiges, laissez-les en
cet état jusqu'à ce que le dégel
commence : pour-lors on ne sçau-
roit trop se presser d'écarter la

neige. Car l'eau de neige est très-
mauvaise pour les bulbes & les racines de cette espèce, & leur fait
beaucoup de tort, quand on la laisse
pénétrer dans la terre : d'ailleurs
s'il survenoit une nuit glacée immédiatement après le dégel, l'humidité formeroit auprès de la surface une glace mince qui coupe-
roit & endommageroit les feuilles
ou les tiges de ces fleurs, & les
dégraderoit.

Si le temps est doux & serein,
plantez les racines d'Anemones
& de Renoncules dans des carreaux de terre bien remuée à la
bêche ; & même, si on la passoit
au tamis, elle n'en vaudroit que
mieux. Remarquez que la terre
ne peut jamais être trop légère
pour ces fleurs, & principalement
pour les Renoncules : elle doit
être nouvelle & exempte de tout
mélange de fumier, qui ne fait
qu'engendrer des insectes, & qui

est toujours préjudiciable aux racines de cette espèce.

Vers le milieu du mois, ôtez
de vos oreilles d'ours les feuilles
mortes ou fannées, & enlevez de
chaque pot autant de terre que
vous pourrez sans ébranler les racines, afin de mettre à la place,
de la terre nouvelle préparée avec
une terre franche, sabloneuse,
mêlée d'un tiers de bois pourri.

Remarquez que quand on rem-
plit les pots de cette terre qui
doit être bien criblée, il faut la
presser légèrement autour des racines, & en chauffer la plante
jusqu'aux feuilles ; mais sans en enterrer aucunes, de crainte qu'elles
ne pourrissent.

Remarquez aussi que toutes les
terres composées doivent rester
au moins une année en tas avant
que l'on s'en serve.

Précautionnez-vous bien contre les souris pendant ce mois ;
car elles détruisent toutes les ra-

cines bulbeuſes dont elles approchent , & ſur-tout le ſafran.

Détachez dans la Serre toutes
les feuilles des plantes qui ſe trouvent moiſies & fannées ; car elles
infectent toutce qu'elles touchent.
Tant qu'une plante ſoutient bien
ſa tête , il ne faut point l'arroſer;
tâchez plûtôt dans les temps rudes
d'écarter le froid de la Serre , que
de faire croître les plantes par aucune chaleur extraordinaire : car
les tiges produites dans cette ſaiſon de l'année ne ſont pas bien
ſaines , & affoibliſſent les plantes.
Pendant le dégel , faites un ou
deux petits feux de charbon de
terre à proportion de la grandeur
de la ſerre , & y introduiſez en
même-temps un peu d'air , ſi le
vent n'eſt pas trop froid : ces feux
ſécheront l'humidité qui s'éleve
toujours après le dégel , & en dé-
truiſant ces vapeurs empeſtées ,
tiendront les plantes ſéchement
& hors de danger de pourrir.

Tranfplantez l'Aconit d'hyver, lorfqu'il eft en fleurs, & divifez fes racines ; car quand les feuilles de cette plante font tombées, il eft difficile de trouver fes racines.

Fleurs qui fe trouvent dans la Serre & dans les Jardins à fleurs en Janvier.

Il y a maintenant plufieurs des ficoïdes en fleurs , & les différentes fortes d'aloës commencent à pouffer leurs tiges pour fleurir. On voit encore quelques fleurs fur les jafmins jaunes des Indes , & fur les blancs d'Efpagne , & il y a même des orangers malades qui fleuriffent dans cette faifon. La plante que les Jardiniers connoiffent fous le nom de *thlafpi* toujours verd eft encore en fleurs , auffi bien que quelques efpèces de *Geranium*.

Nous avons dans les Jardins,

l'aconit d'hyver, les violiers jaunes simples, la fleur de Noël ou ellebore noir, & l'ellebore à fleurs vertes, les perce-neiges, la hyacinthe d'hyver, quelques giroflées, lorfqu'elles ont été bien abriquées, les anemones simples, la gentiane, le cyclamen ou pain de pourceau d'hyver, les primeveres, & quelques efpèces de pólianthes, le laurier thim, les mezerions blancs & rouges, & l'arboifier qui font alors en fleurs. Les houx & le piracantha font alors ornés de leurs beaux fruits écarlates auffi bien que l'amomum de Pline.

Nous avons auffi l'épine de Glaffenbury qui pouffe quelques fleurs foibles, lorfque les gelées ne l'en empêchent pas; & comme ces plantes commencent ordinairement à fleurir au mois de Décembre, cela a donné lieu aux perfonnes fuperftitieufes de les regarder comme un miracle, & de croire que ces fleurs ne paroiſſent que le jour de Noël : en voici l'hiſtoire. Joſeph d'Arimathie, diſent-ils, venant en Angleterre, apporta avec lui un bâton de cette épine, & l'enfonça en terre le jour de Noël à Glaſſenbury, où il prit racine, pouſſa des branches & fleurit auſſi-tôt, ce qu'il a toujours continué de faire depuis, le jour de cette Fête, à ce que prétend le petit peuple, en l'honneur de ſaint Joſeph ſon maître. Mais à préſent que cette plante eſt aſſez bien connue, & qu'on la cultive en pluſieurs endroits, on trouve qu'elle ſe méprend ſouvent d'une ſemaine ou deux pour le temps de ſa fleur, ſelon que l'hyver a été tempéré ou rude : je l'ai quelquefois vûe en fleur dès le commencement de Décembre, & ſeulement au milieu de Janvier dans d'autres années. Néanmoins cette plante manque rarement de

fleurir dans cette saifon ; & elle
n'a rien de plus extraordinaire
que ce que l'on voit arriver à tou
tes les autres plantes exotiques
qui font toujours difpofées à fleu
rir dans le temps de leurs prin
temps naturel malgré l'oppofition
de notre climat. Il eft affez rai
fonnable de croire que cette plan
te fut apportée originairement de
quelques pays dont le printemps
répond à notre mois de Décembre
tel que l'Arabie, la Terre Sainte
& beaucoup d'autres endroits fous
la même latitude. S'il eft vrai que
la premiere plante de cette efpèce
a crû à Glaffenbury d'un feul bâton, ou tige fans racines ni branches, il ne faut pas en être fur-
pris, quand même ce bâton auroit été détaché de l'arbre fix mois
auparavant : car fouvent j'ai cultivé des plantes en auffi mauvais
état, qui avoient été plus de fix
mois hors de terre, & qui cependant

dant ont fort bien repris ; par exemple des branches de faule feront la même chofe. On peut multiplier cette plante en la greffant au mois de Mars fur l'épine blanche.

Ceux qui voudront former des Jardins à fleurs pour les différens mois de l'année ; peuvent les compofer d'après ces Catalogues de fleurs qui paroiffent dans les différentes faifons, en obfervant feulement de donner le plus de foleil qu'il eft poffible à celles qui font dans leur état de perfection en hyver.

Ouvrages à faire dans la Serre &
dans le Jardin à fleurs pendant
le mois de Février.

CONTINUEZ les ouvrages du mois précédent, fi la faifon n'a pas été affez favorable pour finir

Tome III.   F

ceux que j'ai recommandés dans ce mois.

Semez la première femaine la graine d'oreilles d'ours dans des caiffes remplies de terre légère, telle que du bois ou des feuilles pourries, mais principalement de la terre tirée du creux des faules, fi on peut en avoir. Après avoir bien applani la terre, femez-y la graine, & appuyez-la un peu avec un morceau de planche uni ; couvrez ces caiffes d'un refeau, & placez-les dans quelque endroit à l'ombre, où on les arrofera fouvent jufqu'à ce que la femence foit levée. (Voyez le chapitre fixiéme, fection deuxiéme du fecond livre de cet ouvrage.)

Semez pareillement de la graine de polianthe fur quelques platesbandes à l'ombre, & ne la recouvrez pas beaucoup.

Mélez de la graine d'Anemone avec du fable fec, & femez-la dans

une terre bien ameublie que vous
recouvrirez bien légèrement avec
du terreau paſſé au crible.

Si on veut avoir des anemones
& des renoncules qui fleuriſſent
tard, on doit toujours en planter
les griffes dans quelques endroits
à l'ombre.

Vers le milieu de ce mois, renouvellez la terre de vos œillets
incarnés qui ont été tranſplantés en
automne : ces fleurs deviendront
bien plus fortes que celles qui ont
été tranſplantées pour fleurir en
Mars.

Retournez & couvrez bien le
terreau dont vous devez vous ſervir le mois ſuivant.

Si le temps eſt ſerein, tranſplantez toutes les eſpèces d'arbriſſeaux à fleurs qui peuvent ſuppor-
ter le plein air comme le ſyringa,
le lilas, le roſier doré, l'aubours,
les roſiers, le jaſſemin, le che-

vre-feuille, les fpirea, les althea, &c.

Divifez & tranfplantez les pivoines.

A la fin du mois, femez les pieds d'aloüettes, les campanelles de Cantorbery, l'arbre primerofe, l'attrape-mouche, les giroflées annuelles, les thlafpis, les œillets & la paffe-fleur écarlate, fur-tout fi la terre eft légère ; mais fi elle eft ferrée, on peut différer cet ouvrage jufqu'au dix de Mars.

C'eft maintenant la faifon favorable pour tranfvafer les mirthes dans de plus grands pots, en rafraîchiffant de temps en temps les fibres de leurs racines, & s'il le faut, on taillera auffi leur pomme.

Vers la fin de ce mois on taille les orangers & on leur renouvelle la terre ; mais il faut avoir foin d'enduire avec de la cire molle les plaies que l'on y fait. (Voyez

le cinquiéme livre de cet ouvrage,
chapitre deuxiéme des plantes exotiques.)

Remuez la surface de la terre
dans vos pots qui sont placés dans
la Serre ; mais ne vous pressez pas
trop de donner de l'air à vos plantes tendres; car elles ne sont pas encore en état de le supporter. C'est à
présent le temps où bien des plantes exotiques périssent, par l'in-
discrétion de quelques Jardiniers
qui sont tentés d'ouvrir les fenêtres de leur Serre, pour le peu que
le soleil luise sur les plantes.

On doit alors coucher les branches des rosiers, des jasmins, des
chevres feuilles, des phillirea, du
laurier - thim & autres arbrisseaux
semblables.

Semez les graines de l'aubours,
du geneft d'Espagne, & les bayes
des lauriers, des ifs & des houx.

Semez sur des couches les graines exotiques qui viennent des cli-

F iij

mats les plus chauds, & fur-tout
les efpèces annuelles qui demandent plufieurs mois & beaucoup
de chaleur pour les perfectionner.

Taillez les branches du jafmin
d'Efpagne à quatre pouces de la
tige, & donnez-lui maintenant de
la terre nouvelle.

Couchez les branches du jafmin jaune des Indes & du blanc
de Portugal, des grenadiers, des
oliviers & de l'arboufier : mais
ayez foin de n'enterrer que les
branches les plus tendres ; car celles qui font ligneufes ne reprennent jamais racine.

Semez dans des pots les pepins
d'orange & de limon auffi-tôt
après les avoir retirés du fruit, &
mettez les pots dans des couches.
Faites dans cette faifon des plantations de muguet fur le bord de
quelque terre à couvert du foleil.

Fleurs qui se trouvent alors dans la Serre & dans les Jardins en Février.

NOUS AVONS plusieurs espèces d'ellebores en fleurs, l'aconit d'hyver, les perce-neiges, surtout l'espèce à fleurs doubles, le safran tant jaune que pourpre, quelques hyacinthes, des anemores simples, des iris de Perse, des hepatiques simples, des asphodéles simples, des violiers jaunes simples, quelques marguerittes doubles, des girofflées, & le *cyclamen* de printemps. On trouve dans la Serre le thlaspi toujours verd, quelques ficoïdes, des *geraniums*, l'aloës, & du jasmin jaune des Indes.

Il y a aussi des orangers qui poussent alors quelques fleurs, mais ce font ceux qui ne fe portent pas bien.

Il y a maintenant dans les étuves chez Monfieur Millet qui tient des pépinières à North-end auprès de Fulham quelques rofes, & des jonquilles doubles en fleurs.

Les mezerions & le laurier-thim, font encore en fleurs pendant ce mois.

Ouvrages à faire dans la Serre & dans le Jardin à fleurs pendant le mois de Mars.

C'EST maintenant la faifon la plus favorable pour femer les pavôts, le miroir de Venus, & autres belles fleurs annuelles femblables, que l'on n'a pas ofé rifquer en pleine terre le mois précédent : on doit auffi divifer les racines ou planter les rejettons de toutes les espèces de plantes à racines fibreuses qui ne sont pas encore en fleurs, comme la roquette blanche double, la passe-fleur écarlatte, la fleur de cardinal, la rose champion, les violiers jaunes doubles, les *holyoaks*, les soleils vivaces, toutes les espèces d'étoiles, la capucine, l'attrape-mouche, l'œillet de mer, &c.

Semez la graine des giroflées.

Divisez & plantez à présent le buys, soit pour en faire des bordures ou des ouvrages figurés, mais n'en levez pas de terre à la fois plus que vous ne pouvez en planter en un jour.

Garantissez vos tulippes de la rouille dont elles courent risque d'être attaquées pendant ce mois. Faites un treillage avec des perches au-dessus de votre carreau le mieux choisi, & couvrez-le de paillassons pendant les mauvais

F v

temps. Il y a des gens qui ont des couvertures de toile qu'ils étendent dessus, qu'ils retirent quand ils veulent, & dont ils se servent aussi-bien pour mettre leurs plantes à l'ombre dans le temps de leurs fleurs, que pour les mettre à l'abri des gelées & des vents qui leur feroient du tort.

Réparez maintenant vos tablettes & vos Serres pour y mettre fleurir les oreilles d'ours; car c'est à la fin de ce mois qu'il faut les y arranger. Cette place doit faire face à l'orient, & être défendue du soleil de tous les autres côtés. On doit en couvrir le sommet avec des paillassons ou de la toile pour écarter l'humidité des oreilles d'ours : car la moindre pluie détruit la beauté de leurs fleurs.

Vers le commencement de ce mois, transplantez vos œillets carnés que vous avez couchés en

terre, fi vous ne l'avez pas fait
pendant l'automne qui eft le temps
le plus favorable pour cela. La
terre que vous deftinez pour ces
fleurs doit être compofée de deux
parties de terre franche & fabloneufe, bien incorporée avec une
troifiéme partie de terre à melon
ou de bois pourri; ce mélange
doit avoir au moins deux ans lorfqu'on en fait ufage.

Semez maintenant fur la couche les graines exotiques qui font
les moins tendres, & qui fleurrif-
fent plûtôt que celles qui ont été
femées le dernier mois; telles font
les capucines, les foucis de France & d'Afrique, les balfamines,
le liferon & fur-tout le petit bleu,
l'œillet de la Chine ou des Indes,
& autres femblables, qui auroient
monté trop haut fur la couche fi on
les y eût femés le mois dernier :
car jufqu'au milieu de Mai il ne
faut pas rifquer de placer aucunes

de ces plantes en plein air dans
une terre naturelle ; & par conséquent si on les semoit de bonne
heure , elles atteindroient aux
vîtrages long-temps avant que l'on
pût leur donner assez d'espace
pour croître.

Si nous n'avons pas la commodité des couches , nous devons
différer de semer le souci d'Afrique & celui de France , la capucine & la merveille du Perou jusqu'au mois suivant. Pour-lors ces
plantes pourront croître dans une
terre naturelle , pourvû qu'on les
seme au pied de quelque muraille
chaude.

Ne différez pas davantage à semer sur une couche les plantes
humbles & les sensitives ; ce sont
des plantes extrêmement curieu-
ses , mais que l'on doit toujours
tenir sous les vîtrages.

Semez maintenant en pleine
terre les concombres sauvages sau-

tillantes, & le *noli me tangere*, ce
font des plantes divertiffantes,
lorfque leur fruit eft bien mûr.

Renouvellez la terre de vos
pots de campanulles pyramidales,
& placez-les dans quelque enfoncement où le Soleil puiffe luire fur
elles ; cette méthode les fera croître & devenir hautes ; ce qui eft la
principale qualité de cette plante.

Semez-en pareillement de la
graine, & détachez les rejettons
de leurs racines.

Plantez les tubereufes dans les
pots de terre nouvelle ; donnez-
leur une chaleur douce & point
du tout d'eau jufqu'à ce qu'elles
pouffent.

Tranfplantez maintenant l'arbre
de Judas & femez-en la graine.

Greffez le jafmin blanc d'Efpagne fur l'efpèce blanche ordinaire
d'Angleterre.

Plantez dans des lieux humides,
& couchez les branches de l'arbre

de la Paſſion pour lui faire rappor
ter du fruit.

Mettez dans une couche les
plantes exotiques qui ont un peu
ſouffert dans la Serre ; mais ayez
bien ſoin de les garantir de la va
peur du fumier en mettant par-deſ
ſus une épaiſſeur de terre conve
nable.

Tranſplantez maintenant l'a
momum de Pline ou la ceriſe d'hy
ver, rafraîchiſſez ſes racines & ro
gnez ſes branches, donnez-lui de
la terre nouvelle, & placez-le ſur
le devant de la Serre ; car il eſt
maintenant aſſez dur pour ſuppor
ter l'air. Remarquez que ces plan
tes ſont fort altérées & qu'elles
rapportent beaucoup de fruit,
pourvû qu'on leur donne ſuffiſam
ment d'ombre quand on les met en
plein air.

Ayez bien ſoin maintenant que
vos orangers & limoniers ne man
quent point d'eau ; donnez-leur-en

peu à la fois & souvent ; accoutu-
mez-les par dégrés à supporter l'air:
par ce moyen vous parviendrez à
conserver leur jeune fruit qui est
sujet à tomber dans cette saison,
lorsqu'on les a surchargés d'eau,
ou qu'on les a exposés trop vîte à
l'air. Vers la fin du mois on doit
transplanter les ifs, les houx, le
phillirea & autres arbres toujours
verds, & semer la graine du troë-
ne toujours verd.

Ayez soin d'arroser vos caisses
où vous avez semé la graine d'o-
reilles d'Ours.

Commencez par un temps chaud
à arroser un peu les ficoïdes les
plus succulens.

Fleurs qui se trouvent alors dans la Serre & dans le Jardin à fleurs, en Mars.

NOUS AVONS dans la Serre des anemones tant doubles que simples, des hyacinthes, des jonquilles, plusieurs espéces de narcisses, & sur-tout le narcisse de Constantinople, quelques tulippes précoces, & des espèces tardives de safran, particulièrement toutes les espèces de polianthe blanc, les violiers jaunes, les violettes, des marguerites, des girofflées rouges, des iris de plusieurs espéces, des hépatiques doubles, des couronnes Impériales, des dents de chien, des hyacinthes en grappes, & quelques espèces de fritillaires. Cette dernière fleur est maintenant fort recherchée en

Hollande, à ce qu'on m'a affuré, à caufe de fes nombreufes variétés : nous avons aufli vers la fin du mois un petit nombre d'oreilles d'ours.

Les arbres alors en fleurs font les amandiers , les abricotiers, les pêchers , l'arbre de judas , le laurier-thim , & quelques orangers ; nous avons toujours aufli quelques fleurs fur le jafmin jaune des Indes , ainfi que fur quelques efpèces de ficoïdes & fur l'aloës.

Ouvrages à faire dans la Serre & dans le Jardin à fleurs pendant le mois d'Avril.

ON DOIT commencer pendant ce mois à femer dans une terre naturelle les graines exotiques les moins tendres , & cel-

les des fleurs que l'on a oubliées
de femer dans le mois précédent,
la plûpart des graines du cap de
bonne Efpérance & de la Virginie leveront bien, pourvû qu'on
les feme en cette faifon dans des
plates-bandes de terre naturelle à
une bonne expofition.

On doit femer maintenant les
haricots écarlattes, les fcabieu-
fes, les colombines, les foucis,
l'herbe blanche ou gnaphalium,
& le barbeau.

On doit auffi femer la graine de
pin & de fapin, & la couvrir avec un
refeau pour la défendre des oifeaux
qui en font fort avides & qui la
mangent même après que les plantes font levées.

On doit auffi divifer & replanter toutes les plantes à racines fibreufes.

C'eft alors le moment du printemps le plus favorable pour tranf-

planter toutes les fortes d'arbres toujours verds: on met les grands houx dans des paniers pour les tranfporter plus fûrement : car d'ordinaire les houx n'ont que fort peu de racines , & la terre y tiendroit difficilement fans ce fecours. On plante les corbeilles avec l'arbre. Mais les ifs reprennent affez bien fans cet embarras ; on creufe tout autour d'eux dans la pépiniére ; & leurs racines qui font toutes garnies de petites fibres retiennent aifément la terre.

Faites de nouvelles couches pour avancer les jeunes orangers & limoniers venus de graine & les autres plantes exotiques nouvellement levées & qui font en état d'être tranfplantées hors de la nouvelle couche.

Mettez dans des pots quelques-unes de vos amaranthes tricolors , & des crêtes de coq ;

& donnez-leur une couche nouvelle pour les faire croître plus
hautes.

Vôtre graine d'oreilles d'ours
commencera à pointer vers le
commencement de ce mois pourvû qu'elle ait été arrofée avec foin;
prenez bien garde de ne pas les
laiffer manquer d'eau alors, autrement les plantes fe fanneroient
bientôt. Tenez leurs caiffes à
l'ombre jufqu'au mois d'Août
temps auquel vous les tranfplan-
terez.

Commencez maintenant à arrofer vos aloës, vos joubarbes,
les *chardons Cierges*, les euphorbes & les autres plantes fucculentes ; mais donnez-leur fort
peu d'eau à la fois, lorfque le Soleil luit deffus : accoutumez par
dégrès ces plantes tendres à fup-
porter le plein air.

Il faut alors ouvrir les feneftres

de l'orangerie depuis le matin jufqu'à la nuit, lorfque le vent n'eft pas trop violent.

Soutenez vos œillets carnés avec des baguettes : tondez vos bordures de buis immédiatement après la pluye : paffez le rouleau fur vos allées de gazon & de gravier : ratiffez auffi, & renouvellez, s'il le faut, vos promenoirs ; coupez la pointe de vôtre gazon & le faites faucher fouvent, car c'eft alors qu'il croît fort vîte.

Ramez toutes les plantes, & les fleurs qui font d'une certaine hauteur ; car les vents font alors fort dangereux.

Arrachez-les mauvaifes herbes avant que leurs graines mûriffent.

Les oreilles d'ours qui font maintenant en pleine fleur doivent être arrofées modérement une fois tous les trois jours : les fleurs en deviendront beaucoup mieux colorées, & la graine mû-

rira mieux ; mais il faut les garantir du Soleil & de la pluye.

Fleurs qui se trouvent alors dans
Serre & dans les Jardins à fleurs
en Avril.

CE MOIS nous fournit un
grande variété de renoncules &
d'anemones doubles , & vers l
fin du mois nous avons quelque
tulippes.

Les marguerites continuen
toujours à fleurir ainsi que le
hépatiques doubles & plusieurs e
pèces de polianthes. Nous avon
beaucoup de narcisses & des jonquilles doubles qui sont alor
dans leur primeur. La couronne
Impériale n'est pas encore passée
tout-à-fait ; & on voit différentes
espèces d'iris & de frittillaires
avec quelques hyacinthes. Nous
avons aussi différentes espèces de

Cyclamen , quelques giroflées rouges & des pivoines simples ; vers la fin du mois , il y a encore quelques violettes doubles : mais sur-tout on est alors récompensé des fleurs qui manquent par les oreilles d'ours qui sont dans leur primeur vers le 20 du mois.

Les arbres & arbrisseaux alors en fleurs sont le lilas, le jasmin de Perse , l'aubours, les amandiers à fleurs doubles & à fleurs simples , l'arbre de Judas , quelques poiriers , cerisiers & abricotiers : & dans la serre on voit en fleurs quelques orangers , des ficoïdes , des aloës & quelques espéces de *Geranium.*

Ouvrages à faire dans la Serre &
dans le Jardin à fleurs pendant
le mois de May.

COUPEZ les feuilles & les
tiges à fleurs du safran & des autres fleurs à racines bulbeuses qui
ont fleuri, à moins que l'on n'ait
dessein d'en laisser monter quelques-unes en graine : en effet je
conseillerois à tous les curieux
d'en réserver tous les ans quelques-unes des meilleures pour former des pépiniéres de plantes, des
semences de chaque espèce ; car
c'est de ces pépiniéres que l'on
doit espérer des variétés sans nombre.

Recueillez maintenant votre
graine d'anemone à mesure qu'elle mûrit ; car le moindre vent l'en-
léve bien vîte.

Le commencement de ce mois
est

est le temps le plus favorable
pour semer la graine des œillets
carnés : car si on la semoit plutôt, les plantes deviendroient ligneuses avant l'hyver ; & il y en
auroit beaucoup qui périroient.
Une terre franche nouvelle & sabloneuse est le véritable terrein
qui leur convient : nos tulippes
choisies sont alors en fleurs , &
on doit les tenir à l'ombre depuis
midi jusqu'au soir, & les garantir
de la pluye, si on a dessein qu'elles restent long-temps en fleurs.
Lorsqu'elles sont défleuries, il faut
les couper par le pied, afin que
leurs racines puissent acquérir de
la force.

Si quelqu'un à dessein de faire
sécher les feuilles de quelques
tulipes choisies , il doit préparer
des livres de papier brouillard , &
appliquer les feuilles de ces fleurs
séparément entre les feuillets du
livre : lorsqu'elles ont été pressées

pendant un jour dans cet état
avec un poids leger, il faut les
tranfporter dans un autre livre &
les changer ainfi toutes les vingt-
quatre heures d'un livre dans un
autre en ajoutant un poids plus
pefant, à mefure qu'elles deviennent plus féches; enfin quand toute l'humidité en eft fortie, on
doit les attacher fur des feuilles de
papier blanc un peu épais avec
de la gomme arabique & de l'eau
claire; & elles conferveront leur
couleur pendant plufieurs mois.
J'ai rapporté ici cette manière de
fécher les plantes & les fleurs,
par la raifon que tous les amateurs de botanique ne font peut-
être pas au fait de la manière de
conferver des échantillons des
plantes, & parce que ce mois
nous fournit plus de plantes propres à cela, qu'aucun des autres
mois de l'année.

Ayez grand foin de lier les tiges des œillets à des bâtons, de crainte que le vent ou quelqu'autre accident ne les brise.

Recommencez à semer beaucoup de fleurs annuelles telles que la petite girofflée annuelle, le miroir de venus, & les thlaspis, & arrosez-les souvent, si le temps est sec, jusqu'à ce qu'elles soient levées.

Vers le milieu du mois si le temps est doux & bien assuré, c'est-à-dire, comme porte le proverbe, quand les feuilles de mûrier sont aussi grandes que *le pied d'une Corneille*, sortez vos orangers & vos limoniers de la Serre. Ce que je dis ici des mûriers qui nous indiquent le temps favorable pour mettre nos plantes tendres en plein air, est assez bien fondé à mon avis ; quoique bien des gens ne regardent pas cette régle comme bien sûre. Car le mûrier qui est une plante étrangé-

re & dont le ſuc eſt plus épais
que celui d'aucun autre arbre que
je connoiſſe, demande une chaleur & une température d'air égale pour mettre ſes ſucs en mouvement ; & comme ce mouvement ne peut ſe manifeſter en peu
de jours par la production des
feuilles, & que la moindre appa-
rance de gelée l'arrête, par con-
ſéquent lorſque nous voyons les
feuilles de cet arbre auſſi groſſes
que *le pied d'une Corneille*, nous
pouvons être certains que le temps
eſt aſſuré, & qu'ainſi nous pouvons hardiment mettre nos orangers à l'air : car il n'y a point d'e-
xemple qu'aucun temps ſoit capable d'endommager les orangers,
lorſqu'une fois ils ont eu une ſemaine de beau temps pendant ce
mois.

C'eſt une choſe digne d'être
remarquée, combien les différents
dégrés de chaleur ou de froid

font néceffaires pour la végétation des diverfes fortes de plantes : la température de l'air en
Janvier fait poulfer les bourgeons
du fureau : la chaleur un peu plus
grande du mois de Février met
en mouvement les grofeillers &
quelques autres efpèces d'arbriffeaux qui croiffent vîte ; nous
voyons au mois de Mars les
amandiers, les pêchers en fleurs ;
en Avril l'orme & quelques autres arbres commencent à étaler
leurs feuilles, & le mûrier ne fe
met point en mouvement jufqu'à
ce que le temps foit affuré dans
ce mois : chaque plante a befoin
d'un certain degré de chaleur ou
de froid quelqu'il puiffe être
pour les faire poulfer. On remarque à peu près la même chofe
lorfque l'on liquefie ou qu'on
met en fufion les métaux & autres corps femblables. Il faut
moins de chaleur pour fondre la

glace que le ſuif, pour le ſuif que
pour la cire, pour la cire que
pour la réſine, pour la réſine que
pour le plomb, & pour le plomb
que pour les autres métaux.

Lorſqu'on a mis à l'air les orangers & autres plantes exotiques,
il faut nétoyer leurs feuilles des
ſaletés qu'elles ont contraĉtées
dans la Serre ; à moins qu'il ne
ſurvienne une bonne pluye douce qui nous en évite la peine.
Répandez auſſi de la terre nouvelle ſur la ſurface de leurs pots ou
caiſſes, & arroſez-les bien après
les avoir placés à l'endroit où ils
doivent demeurer. Prenez garde
que le Soleil ne luiſe avec trop
d'ardeur ſur vos orangers ; car il
feroit jaunir leurs feuilles : préparez maintenant les boutures des
ficoïdes & des eſpèces de joubarbes, & expoſez au Soleil celles
qui ſont les plus ſucculentes après
les avoir ſéparées des plantes,

afin de cicatrifer la coupe, après quoi plantez-les dans une plate-bande découverte pour les mettre dans des pots après qu'elles auront pouffé des racines, ce qui arrivera en moins de deux mois.

Plantez-les boutures du jafmin d'Arabie : elles prendront aifément racines.

Plantez les boutures de *Geranium* & des autres buiffons exotiques femblables fur quelques plate-bandes découvertes ; elles y prendront racine beaucoup mieux que dans des pots.

Vers le dix de ce mois on peut greffer en arc les orangers & les limoniers plutôt fur des limoniers fauvages que fur des orangers ; ils poufferont des branches plus fortes : par ce moyen on pourra avoir en fort peu de temps des arbres fi petits qu'on voudra qui porteront du fruit ; car on peut les

G iv

féparer de la mere-plante au milieu d'Août.

Greffez pareillement en arc le jafmin blanc & le jafmin jaune d'Efpagne fur de forts pieds de jafmin blanc ordinaire ; & n'appréhendez pas qu'il ne reprenne pas, par la raifon que notre jafmin ordinaire perd fes feuilles, & que l'autre les conferve : j'en ai éprouvé les effets auffi-bien qu'en greffant le laurier en écuffon fur un cérifier noir qui a réuffi fort bien.

Ceux qui ont envie de conftruire des Serres pour l'hyver fuivant ne doivent pas différer plus long-temps de crainte que les murailles ne foient pas entièrement féches dans le temps qu'on y voudra ferrer des plantes. Je ne fçaurois m'empêcher d'obferver que l'Architecte doit bien examiner quelle eft la deftination d'un pareil bâtiment : car jufqu'à préfent je n'ai encore vû en Angleterre aucune Serre qui réunît en même-temps, & la beauté d'un bon bâtiment, & la commodité pour pouvoir y bien conferver les plantes : c'eſt une des raiſons qui détournent bien des gens riches de cultiver des plantes exotiques.

Vers la fin de ce mois ou au commencement de l'autre, il faut couper quelques feuilles de l'opuntia ou figuier d'Inde, & les laiſſer ſécher deux ou trois jours avant que de les replanter. Le terrein qui leur convient eſt un tiers de décombres de vieux murs de briques bien criblées, mêlé avec deux tiers de bonne terre légère criblée pareillement. Plantez ces feuilles à environ un pouce de profondeur, & laiſſez-les quinze jours en plein air, avant que de les mettre dans une couche.

Lorſque le temps eſt bien aſſuré, tranſplantez de la couche ſur des plate-bandes découvertes toutes vos plantes annuelles d'élite, comme le poivre de Guinée, les soucis d'Afrique & de France, les basiliques, les liserons, &c.

Plantez les boutures de piracantha tirées des branches les plus tendres ; & mettez-les dans des endroits humides, ainsi que les boutures de l'arbre de la Passion.

Fleurs qui se trouvent dans la Serre & dans les Jardins à fleurs en Mai.

Nos TULIPPES les plus belles font alors en fleurs, ainsi que quelques giroflées rouges, des violiers jaunes doubles, des capucines, la passe-fleur écarlatte simple, les œillets doubles, les attrape-mouches, les *fleurs en globe* jaunes doubles, les œillets de mer, les thlaspis, le miroir de venus, la giroflée annuelle, la pervenche, les

marguerittes doubles, les gantelées, les bouillons, les iris bulbeufes, quelques anemones & renoncules qui ont été plantées fort
tard, la roquette blanche double,
le chevrefeuille, le piracantha,
le firinga, les rofes, les fleurs de
pommier, les fpirea, le geneft
d'Efpagne, les rofes dorées, l'aubours, les campanulles de Can-
torberi, le cytife, la colombine,
les pieds d'aloüettes, le glayeul,
les pavots, les pivoines, le dictame blanc, l'herbe à araignée,
le barbeau, le mufle de veau, la
valerienne, les martagons, les lis,
le fatyrion, l'iris, les foucis,
quelques lupins, les orangers, les
ficoïdes, les aloës, les joubarbes,
les *geraniums*; & dans des caraf-
fes d'eau, le nenuphar jaune ou
lis d'eau, les fleurs d'étang, les
renoncules d'eau, la *flamula*, &
l'herbe aux grenouilles.

*Ouvrages à faire dans la Serre &
dans le jardin à fleurs pendant
le mois de Juin.*

C'EST maintenant le temps favorable pour lever de terre les racines bulbeuses dont la fleur est
passée. Nettoyez-les aussi-tôt que
vous les aurez tirées de terre, &
étendez-les au soleil sur des nattes, afin qu'elles puissent être bien
séches avant qu'on les renferme
dans la Serre.

C'est à présent préférablement
à tout autre temps qu'il faut transplanter les racines de *cyclamen*,
de safran, & de colchique.

Visitez maintenant les rivières,
les étangs, les marais & les fossés
pour y choisir des plantes aquati-
ques. On doit les transplanter,
quoi qu'elles soient en fleurs dans
des tonneaux remplis d'eau, où

elles feront un beau coup d'œil parmi les autres plantes curieufes & les exotiques. Quand vous tirez ces plantes hors de l'eau, remarquez bien la profondeur de l'eau où elles ont cru, & donnez-leur la même profondeur, s'il eft poffible, lorfque vous les mettrez dans les tonneaux.

Couchez entre tous vos œillets ceux qui font affez forts pour cela, & retranchez les boutons à fleurs les plus foibles & les plus tendres, parce qu'ils ôteroient la nourriture des autres bourfes plus grandes. Les œillets à grand calice qui d'ordinaire font fujets à créver doivent être aidés pendant ce mois, fur-tout lorfqu'un côté du calice s'eft fendu naturellement : pour cet effet, on fend l'autre côté oppofé du calice avec un canif bien pointu, mais fans toucher aux petales ; par ce moyen la fleur s'épanoüira également fans que les petales s'écartent trop , comme il arriveroit fi on fendoit le calice à chacune de fes divifions. Détruifez auffi les perce-oreilles avec de la corne de cheval & des pipes à tabac ; car la méthode de garantir vos œillets carnés de ces infectes qui les détruifent , avec des baffins ou des augets pleins d'eau, n'eft pas bien certaine, parce qu'ils ont des aîles , quoiqu'il ne foit pas bien aifé de les découvrir.

Coupez les oreilles-d'ours & les polianthes , & confervez - en la graine jufqu'à ce que vous la femiez.

Expofez en plein air les aloës , les *chardons cierges* , les euphorbes & les titimales tendres , & nettoyez-les des falletés qu'ils ont contractées dans la Serre : ayez foin auffi de détacher les feuilles defféchées de vos aloës , & tranfplantez-les , s'il le faut , dans de plus grands pots.

On doit alors détacher les boutures de l'euphorbe & du *chardon
cierge*, & les exposer au soleil
jusqu'à ce que la coupe soit cica-
trisée, avant que de les planter :
la terre dans laquelle on les met,
doit être la même que j'ai prescrite
pour le figuier d'inde.

Détachez maintenant les rejettons & les branches qui croissent
autour des racines & des tiges de
vos aloës : plantez-les dans la même terre dont j'ai parlé ci-dessus,
& laissez-les en plein air quinze
jours avant que de les mettre sur
une couche. Donnez un peu d'eau
à ces plantes succulentes jusqu'à
ce qu'elles ayent pris racine.

Les orangers qui sont alors en
fleurs doivent être arrosés fréquemment & peu à la fois, afin
que le fruit puisse se former ; & il
faut éclaircir les fleurs aux endroits où elles sont trop serrées.
On ne peut guère donner trop

d'eau aux mirthes dans cette saison ; car on doit se ressouvenir qu'ils croissent naturellement dans des terreins marécageux.

Continuez à transplanter vos plantes annuelles immédiatement après la pluye ; & semez-en d'autres pour remplacer celles qui ont été semées dans les mois précédens.

Fleurs qui se trouvent dans la Serre & dans le Jardin à fleurs en Juin.

Nous avons maintenant en fleurs les soucis d'Afrique & de France, les liserons, les baumes femelles, les amaranthes, les pieds d'alouettes, les *thlaspis*, les miroirs de Venus, les girofflées annuelles, les girofflées vivaces, la passefleur écarlatte double, les roses champions, les attrappe-

mouches, les campanulles, les
gantelées, les bouillons, le bouil-
lon blanc, les œillets de mer, les
œillets doubles, la treille vierge,
la pervenche, le barbeau, les lis,
les martagons, les capucines, les
fleurs de soleil, les *hollihocks*, le
capuchon de moine, l'herbe à a-
raignée de Virginie, les feves écarlattes, le fultan doux, les pavôts,
les grenadiers, les oliviers, les
orangers, les limoniers, les *geraniums*, les ficoïdes, les joubarbes, la fritillaire épaiffe, les rofes,
les chevrefeuilles, les jafmins, le
laurier-rofe, le geneft d'Efpagne,
l'ellebore, le figuier d'inde, quelques œillets carnés, la Jacobée
double, la valeriane, la *ragwort* marine, le fatyrion, le mufle de veau,
les lupins, & les œillets de 'a
Chine. Nous avons dans des vafes
pleins d'eau le nenuphar blanc ou
lis d'eau double, le nenuphar jau-

ne simple, la violette d'eau & la mille-feuille d'eau qui font en fleurs pendant ce mois.

Ouvrages à faire dans la Serre & dans les Jardins à fleurs pendant le mois de Juillet.

ON PEUT encore continuer à margotter les œillets carnés à mesure qu'ils acquierent de la force, & les arrofer fouvent, en mettant leurs fleurs à couvert de la violence du foleil.

Continuez à arracher les mauvaifes herbes & à couper les tiges des plantes curieufes qui font défleuries, jufqu'à ce qu'elles foient en état de produire de bonnes graines.

C'eft alors un temps favorable pour multiplier les mirthes de boutures; on doit choifir pour ce la les branches les plus tendres, les planter à l'ombre, & les arro-fer fréquemment.

Tranfplantez à préfent les bul-bes que vous n'avez pas levées de terre pendant le mois dernier.

On doit femer la graine des tu-lippes qui eft mûre alors, dans des caiffes remplies de terre légère, afin de pouvoir les mettre à l'abri pendant l'hyver. Semez auffi un peu de graine d'anemone de la ma-nière que j'ai prefcrite dans le mois de Février.

Tondez pour la feconde fois les bordures de buys.

Continuez à multiplier par le moyen des boutures les *cierges*, les figuiers d'Indes, les *foucis-figues*, les tythimales, les joubarbes, & autres plantes fucculentes.

Répandez de la terre nouvelle fur la furface de vos caiffes d'o-rangers : c'eft une opération qu'il

faut réitérer au moins quatre foi
dans l'année.

Autour du 20 de ce mois il fau
greffer les orangers en écuffon
plutôt fur des fauvageons de li
moniers que fur toutes autres ef
pèces.

C'eft alors le temps que le fruit
du caffé mûrit : il eft alors d'une
couleur rouge vive ; & on doit le
receuillir pour en femer la graine
fur le champ après l'avoir nettoyée
de la pulpe : plantez-les fépare-
ment à environ un pouce de profondeur dans des pots remplis de
bonne terre, & plongez-les dans
une couche qui fera lever les graines en moins de fix femaines de
temps, comme je l'ai vû pratiquer
au Jardin des plantes d'Amfterdam. Cette plante étant fort rare,
j'en ai mis la figure dans la planche première, figure deuxiéme.

Le fruit de l'ananas étant mûr

dans la même faison on coupe le couronnement de feuilles qui croît au fommet, & on le plante dans une terre légère & fablonneufe, où il prendra bien-tôt racine à l'aide d'une couche faite avec du tan; car il ne pourroit pas fuppor-ter la vapeur du fumier de cheval.

On peut auffi coucher alors les jeunes branches du jafmin d'Ara-bie.

Attachez & taillez toutes vos plantes exotiques qui croiffent d'une façon irrégulière; elles au-ront le temps de repouffer de nou-velles branches, avant la faifon de les renfermer dans la Serre.

Receuillez les graines qui font à préfent dans leur maturité: faites-les bien fécher dans leurs coffes avant que de les battre, & même après cela faites-les fécher au foleil pendant huit ou dix jours, avant que de les renfermer, fans quoi elles seroient sujettes à pourrir.

Semez encore quelques plantes annuelles en bordures pour fleurir au mois de Septembre ; car alors le Jardin n'est pas fort garni de fleurs.

Fleurs qui se trouvent dans la Serre & dans le Jardin à fleurs en Juillet.

LES OEILLETS carnés sont à présent le principal ornement des Jardins à fleurs , & ceux d'entre eux qui sont venus de graine offrent tous les jours quelques nouvelles variétés. Les autres plantes alors en fleurs sont les orangers, les limoniers , les mirthes , les baguenaudiers , les lauriers - roses , les *geraniums* , plusieurs espèces de fleurs de la Passion , le jasmin d'Arabie, le jasmin du Bresil, le

jasmin blanc ordinaire, les grenadiers, les oliviers, le caprier, les
ficoïdes, quelques aloës, les joubarbes, le dictame, quelques ro-
es, l'amomum de Pline, le liseron,
les amaranthes, les soucis d'Afrique & de France, le tulipier, la
verge d'or, la fritillaire épaisse,
plusieurs espèces de tue-chien,
l'asphodele, les tubereuses, la
passefleur écarlatte double, les
campanulles, la fleur de cardinal,
la treille-vierge, le sultan doux,
le poivre de Guinée, la merveille
du Pérou, les baumes femelles,
la *fleur d'aigle*, les œillets de la
Chine, les fleurs de soleil, les
gantelées, les immortelles, les
feves écarlattes, quelques pavots
doubles, la fraxinelle, la gentiane, la capucine, la véronique, la
nielle, le *chrisanthemum*, les lupins, les giroflées, l'herbe à araignée, les figuiers d'inde, l'ar-
bousier & quelques-unes des plan-

tes annuelles les dernières semées.

Ouvrages à faire dans la Serre &
dans les Jardins à fleurs pendant
le mois d'Août.

LE COMMENCEMENT de ce mois
est la saison favorable pour diviser
les oreilles d'ours, afin qu'elles
puissent acquérir assez de force
avant le printemps. Contentez-
vous de planter une seule tête dans
chaque pot plutôt que d'en mettre davantage ; car lorsque l'on
en laisse plus d'une sur une racine,
on doit s'attendre que les fleurs en
feront petites.

Il est temps maintenant de
transplanter les oreilles d'ours venues de graines à cinq pouces de
distance les unes des autres, sur
une platte-bande de terre bien criblée : donnez-leur un peu d'eau
après

après les avoir plantées , & les ga-
rantiffez du foleil avec des nattes
pendant quinze jours.

Tranfplantez auffi vos polianthes venus de femence fur une
platte-bande à l'ombre , & parta-
gez les vieilles racines.

Si nous avons quelques bonnes
graines d'iris bulbeufes , de fritillaires & de renoncules , c'eft alors
la faifon favorable pour les femer :
il faut recouvrir la graine d'une
couche légère de bonne terre criblée. Remarquez que ces graines
ainfi que celles de toutes les autres
fleurs à racines bulbeufes doivent
être arrofées fréquemment pendant
les chaleurs de l'été ; & couvertes
de paillaffons pendant l'hyver ,
les pépinières de cette efpèce ré-
compenferont notre attente par
une grande variété de belles fleurs.
Remarquez auffi que les meilleurs
graines de renoncules viennent de
France.

Tome III.   H

Tenez à l'ombre les graines d'anemones & de tulippes que vous avez semées dans le mois précédent.

Plantez les anemones simples, & transplantez aussi les hiacinthes, les narcisses, les lis, les martagons, les safrans & les perceneiges.

Coupez les tiges desséchées des plantes qui sont défleuries, & divisez alors leurs racines pour les multiplier.

Receuillez vos graines par un temps sec. Vers le milieu de ce mois ou un peu plus tard, détachez les pieds d'orangers greffés en arc d'avec les arbres qui portent du fruit; mais ayez soin de le faire bien adroitement de crainte de déranger de dessus l'arbre la branche nouvellement greffée.

Laissez l'argille sur cette greffe jusqu'au printemps suivant, & garentissez-la des grands vents.

Cette saison est favorable pour transplanter les mirthes & les orangers, si on ne l'a pas fait dans le printemps.

Ne traitez pas trop délicatement sur les couches vos boutures de *cierges*, d'aloës, de figuiers d'inde, &c. Donnez-leur plûtôt de l'air, afin de les endurcir & de les mettre en état de passer l'hyver.

Plantez les margottes d'œillets dans une pépinière pour les transplanter l'été suivant.

On peut coucher pendant ce mois les branches de toutes les espèces de buissons & d'arbres qui restent en plein air pendant tout l'hyver; mais il faut toujours choisir pour cela les branches les plus tendres.

Vers la fin du mois levez de terre & transplantez les jeunes marcottes de vos œillets à mesure qu'elles ont bien pris racine : mettez-les pour-lors dans les endroits où elles doivent fleurir ; leurs fleurs en feront plus fortes, que si on tardoit jufqu'au printemps à les planter. On doit auffi pendant ce mois marcotter les œillets qui n'étoient pas encore affez forts pendant le mois précédent ; mais celles-là ne feront en état d'être tranfplantées qu'au mois de mars fuivant.

Tranfplantez les œillets produits de graine à un pied de diftance les uns des autres.

Si on trouve quelques vieilles racines d'œillets qui ne paroiffent difpofées à fleurir que tard, mettez-les pour-lors dans des pots remplis de terre nouvelle, pour les renfermer dans la Serre au mois d'Octobre. Je fuis fouvent parvenu par ce moyen à avoir de bonnes fleurs pendant la plus grande partie de l'hyver.

Renfermez maintenant dans la

Serre vos aloës , les *cierges* , les euphorbes & autres plantes sem-blables qui font fucculentes & tendres.

Fleurs qui fe trouvent dans la Serre
& dans le Jardin à fleurs en
Août.

NOUS AVONS encore quelques œillets avec des tourne - fols , des rofiers , des grenadiers , des arboufiers , des jafmins ; fçavoir , le blanc ordinaire , le blanc d'Ef-pagne , le blanc du Brefil , le jau-ne des Indes , & celui d'Arabie tant fimple que double , des oran-gers , des mirthes , des lauriers-rofes , des tue-chiens , plufieurs efpèces de ficoïdes , quelques aloës , plufieurs fortes de fleurs de la Paffion ; quelques joubarbes , des *Geraniums* , des mauves ar-buftes , des baguenaudiers , des

H iij

lis de Guernsey, les tubereuses,
la fleur de cardinal, le baume fe-
mele, la merveille du Perou,
le *Crisanthemum*, les immorte-
les, les colchiques, le safran jaune d'automne, les pains de pourceau, les soucis d'Afrique & de
France, les liserons, le poivre
de Guinée, les étoiles, les amaranthes, le sultan doux, la nielle, la scabieuse, la capucine,
le linaire, les giroflées, le chardon roland, la treille vierge,
quelques plantes annuelles qui
ont été semées tard, comme les
giroflées annuelles, les pavôts, les
pieds d'alouettes, les thlaspi,
&c. Nous avons aussi des violettes doubles, quelques oreilles
d'ours & des polyanthes, qui sen-
tent alors une température d'air
égale à celle de la saison où elles
ont coutume de fleurir, c'est-à-
dire du mois d'Avril, & qu'on a
laissées fleurir dans ce temps.

Ouvrages à faire dans la Serre &
dans le Jardin à fleurs pendant
le mois de Septembre.

NOUS AVONS maintenant plufieurs efpèces de fleurs qui s'élévent d'une hauteur confidérable. Ainfi pour remédier à tous les inconvéniens , il faut les attacher avec foin à des baguettes ; car fi on laiffoit ces plantes en liberté , le moindre vent pourroit leur faire tort.

Si vous n'avez pas levé de terre pendant le mois précédent vos marcottes d'œillets , ne différez pas plus longtemps , mais plantez-les fur-tout dans les endroits où elles doivent fleurir ; & vous trouverez qu'en vous y prenant de la forte , elles réuffiront beaucoup mieux.

Semez maintenant les pavots ;

H iv

les pieds d'alouette, les giroflées
annuelles, les thlaſpis, & les miroirs de venus, pour paſſer l'hyver & fleurir de bonne heure au
printemps.

Pendant la première ſemaine
de ce mois on peut encore continuer à planter les arbres toujours verds, tels que les houx,
les ifs &c. pourvû qu'ils aient
pouſſé de bonnes racines ; mais le
mois d'Août eſt encore plus favorable pour cela.

Cependant tranſplantez toutes
les eſpèces d'arbriſſeaux à fleurs
& couchez-en les branches.

Vous pouvez toujours continuer à tranſplanter toutes les plantes à racines fibreuſes qui ſont défleuries : coupez auſſi à trois pouces de terre les tiges à fleurs de
celles que vous laiſſez croître.

C'eſt à préſent le temps favorable pour mettre en terre quelques racines d'anemones & de

renoncules que l'on deftine à fleurir de bonne heure : la terre doit être legére, naturelle & bien criblée pour les anemones ; mais il faut y mêler pour les renoncules une moitié de bois pouri.

Vers la fin du mois plantez quelques tulippes, & fur-tout celles que vous confervez pour monter en graine ; mais ne leur donnez pas une terre trop fertile, & ne perdez point de vue, que c'eft le défaut de nourriture qui caufe les bigarures de ces plantes ; c'eft pourquoi je ferois d'avis que l'on plantât toutes les tulippes pour monter en graine dans un terrein compofé d'une moitié de décombres & d'autant de terre naturelle : ou bien autour des ifs en piramides qui ont refté affez longtemps dans un lieu pour en avoir apauvri la terre.

Plantez maintenant vos racines de jonquilles, & laiffez les pen-

H v

dant deux au trois ans dans le même endroit.

Semez vos girofflées vivaces,
afin d'en avoir provision en cas
que les vieux pieds soient détruits
pendant l'hyver. Elles se plaisent
dans une terre séche mêlée de décombres.

Vers le milieu du mois renfermez dans la Serre les orangers,
les *Geraniums*, les ficoïdes, les
joubarbes & autres plantes tendres, de la même nature; mais
ne les arrangez pas avant le mois
d'Octobre afin d'avoir de la place pour vos mirthes & pour les
autres plantes plus dures. Les fenêtres de la serre doivent rester
ouvertes nuit & jour.

On doit encore semer les graines des plantes à racines bulbeuses, comme les tulippes, les anemones, les renoncules, les iris
bulbeufes, les martagons, les safrans & les fritillaires dans des

pots ou caisses remplies de terre
naturelle & bien criblée.

---

*Fleurs qui se trouvent dans la Serre
& dans les Jardins à fleurs en
Septembre.*

NOUS AVONS maintenant plusieurs plantes en fleurs, sçavoir,
le jasmin blanc ordinaire, le jasmin blanc d'Espagne, le jasmin
jaune des Indes & le jasmin du
Bresil, plusieurs espèces de geraniums, différentes sortes de ficoïdes, de *Leonurus*, de fleurs
de la Passion, quelques aloës, le
thlaspi toujours verd, l'amomum
de Pline, le lis de Guernsey, les
pommes dorées, les amaranthes,
les pains de pourceau, les colchiques, le mufle de veau, les *Chrisanthemum*, les fleurs de soleil,
les tubéreuses, les soucis d'Afrique & de France, les violettes

H vj

doubles, la merveille du Pérou, le baume femelle, le liferon, la capucine, l'herbe à araignée, les haricots écarlattes, le faffran, les pavots, les pieds d'alouette, les giroflées annuelles, le miroir de venus, les thlaspis, les giroflées vivaces, quelques œillets des oreilles d'ours, des polyanthes, des mirthes, des œillets de la Chine, les rofes de Septembre, plufieurs efpéces d'étoiles, des grenades, des arboifiers, des lauriers-rofes, le baguenaudier, & le poivre des Indes & l'althea.

Ouvrages à faire dans la Serre &
le Jardin à fleurs pendant le
mois d'Octobre.

RENFERMEZ vers le com-
mencement de ce mois vos mirthes, l'amomum de Pline, le *ma-*
rum fyriacum, le melianthe & les
autres plantes tendres & toujours
vertes qui font encore en plein
air: donnez leur en même temps
& à toutes les autres plantes toujours vertes de l'étuve, une couche de terre nouvelle à leur furface fans ébranler leurs racines :
affujettiffez celles qui pouffent des
branches irréguliéres, & mettez-
les dans des endroits commodes
pour y paffer l'hyver, en obfervant
de placer les plantes les plus tendres, telles que les aloës, les
cierges, les *chardons melons,*

les euphorbes &c. le plus près
que l'on peut du Soleil, & mettez-les autres plus dures sur le
derrière de la serre. Vers le milieu du mois cessez d'arroser vos
plantes succulentes les plus tendres ; sans quoi elles seroient sujettes à pourrir.

Lorsque vous rangez vos plantes exotiques dans la serre, ayez
soin qu'il n'y ait qu'un tiers du
plancher occupé par les tablettes
destinées pour les plantes ; de sorte qu'il y ait un espace égal entre elles & les fenêtres, & la
même distance entre elles & le
derrière de la Serre.

Cette proportion étant bien ob-
servée, la Serre ne sera pas si sujet-
te à l'humidité, que si elle étoit
bien remplie ; & il y aura suffisamment d'air, pour nourrir les plantes, quand même on la tiendroit
fermée pendant un mois entier.

Quand vous arrofez vos plantes dans la Serre il faut vous y prendre le matin, lorfque le Soleil luit.

Tenez les fenêtres de la Serre ouvertes jour & nuit jufqu'au quinze du mois, après lequel temps vous ne les ouvrirez que pendant le jour.

Finiffez pour lors de planter vos tulippes, & mettez-en terre quelques anemones & renoncules.

Continuez toujours à tranfplanter & à coucher les branches des rofiers & autres arbriffeaux à fleurs. Plantez auffi les boutures de jafmin & de chevrefeuille fur des plante-bandes couvertes bien béchées, & ayez foin d'entérrer au moins deux nœuds à chaque bouture.

On doit alors femer les fruits de l'if, du houx & des autres ar-

bres toujours verds semblables
qui ont été préparés dans le sable
ou dans la terre.

Placez vos pots d'œillets qui
font alors en fleurs dans la serre
auprès de la porte où ils puissent
avoir beaucoup d'air. En plaçant
ainsi les plantes exotiques dans
la serre, on doit mettre les plus
tendres le plus loin de la porte:
les plus dures supporteront l'air,
& principalement les ficoïdes;
mais n'en traitez aucunes trop
délicatement : car avec trop de
foin on fait mourir plus de plantes
que l'on n'en conserve.

Fleurs qui se trouvent dans la Serre & dans les Jardins à fleurs en Octobre.

NOUS AVONS maintenant en fleurs, quelques orangers, des myrthes, des *Geraniums*, l'amomum de Pline, les pommes dorées, les aloës, les ficoïdes, le *Leonurus*, le tue-chien, les jasmins d'Espagne, le jasmin jaune des Indes, le jasmin du Bresil, le jasmin ordinaire, le thlaspi toujours verd, les grenadiers, l'arboisier, les anemones simples, les polianthes, les œillets. On a aussi les girofflées vivaces, les étoiles, le mufle de veau, les amaranthes, les violettes doubles, le safran, le colchique, les roses de Septembre, plusieurs espèces de pains de pourceau, différentes sortes de fleurs de la Passion, les soucis d'Afri-

que & de France, la merveille
du Pérou, le poivre de Guinée,
les violiers jaunes simples, quelques bulbes qui viennent du Cap
de bonne Espérance; & la jacée
ou violette de trois couleurs, avec
le laurier-thin.

*Ouvrages à faire dans la Serre &
dans les Jardins à fleurs pendant le mois de Novembre.*

SI LE TEMPS n'est pas trop rude pendant ce mois, ouvrez les
fenêtres de la serre, sur-tout quand
le Soleil luit : en même temps
arrosez celles des plantes qui en
ont besoin, & que l'eau dont vous
vous servirez pour arroser les plantes renfermées soit la plus simple
qu'il vous sera possible ; car les
mélanges de fumier & d'autres
ingrédiens chauds détruiroient
vos plantes.

S'il survient des gelées, faites un petit feu de charbon, & lorsqu'il sera bien clair, suspendez-le auprès des fenêtres, mais seulement pendant la nuit : ou bien, si vous avez la commodité d'une de ces cheminées imaginées par le sçavant docteur Desaguliers, il seroit bon d'en faire usage dans cette occasion ; c'est la meilleure invention que je connoisse pour échauffer une serre.

Faites pendant ce mois des monceaux de terre pour vos différentes espèces de fleurs, & les mélanges nécessaires pour les diverses plantes exotiques, comme je l'ai indiqué sous les mois précédens, quand le terrein est trop épais & que l'on veut avoir un mélange naturel qui en fasse de la terre franche, il faut y ajouter une quantité suffisante de sable de mer.

Couchez maintenant fur le côté vos pots d'oreilles d'ours, de manière que les plantes foient tournées vers le Soleil. Car l'humidité pourrit leurs feuilles, & la gelée leur fait bien du tort.

Mettez vos jeunes bulbes produites de graine à l'abri de la gelée ; mais donnez leur de l'air tous les jours, fans quoy elles feroient bientôt détruites.

Si le temps eft affuré, vous pourrez encore tranfplanter les rofiers, les jafmins, le chevrefeuille, les firingas & les lilas.

Coupez maintenant à trois pouces de terre les tiges des plantes défleuries, je veux dire, de celles qui deviennent grandes ; car le fafran, le pain de pourceau, & le colchique, doivent conferver leurs tiges jufqu'à ce qu'elles féchent naturellement.

Détachez de la muraille vos

arbres de la Paſſion & laiſſez les tomber ſur terre afin que quand les grandes gelées feront venues , vous puiſſiez les couvrir de paille.

Attachez tous les arbres & les arbriſſeaux à des pieux : car les grands vents de cette faiſon brient & déracinent ſouvent ceux qui ſont en liberté.

On doit planter au commencement de ce mois les hyacinthes , les jonquilles , les narciſſes , & les polianthes dans des pots & les plonger dans des couches pour les faire fleurir aux environs de Noël.

Fleurs qui se trouvent dans la Serre & dans le Jardin à fleurs en Novembre.

LE LIS panaché est maintenant si beau que je ne puis m'empêcher de le mettre au nombre des fleurs & des plus beaux ornemens de ce mois : les plantes qui sont alors en fleurs sont le laurier-thim , quelques mirthes, le jasmin blanc d'Espagne , le jasmin jaune des Indes , le thlaspi arbrisseau , les *Geraniums* , les ficoïdes , & quelques œillets dans la Serre : ainsi que l'aloës , l'amomum de Pline , avec son beau fruit écarlate , le *Leonurus* , les pommes dorées , quelques fleurs de la Passion , des anemones simples, la petite gentiane , quelques polianthes , les giroflées vivaces , & des violettes doubles.

Ouvrages à faire dans la Serre & dans le Jardin à fleurs pendant le mois de Décembre.

COMME il n'y a point de plantes qui puissent subsister sans air, le Jardinier doit alors agir avec précaution pour conserver ses plantes de Serre : car l'air extérieur est alors si rude, que, si on le laissoit entrer dans la Serre directement sur les plantes, il en feroit mourir plusieurs ; si au contraire on tenoit les plantes renfermées sans renouveller l'air de la Serre, elles seroient bientôt suffoquées : c'est pourquoi il seroit à propos d'imaginer quelques moyens pour renouveller de temps en temps l'air de la Serre, & le corriger de manière, qu'il pût nourrir les plantes sans retirer leur écorce, comme feroit dans cette saison l'air extérieur, si on le laissoit frapper immédiatement sur elles sans être corrigé. C'est pourquoi il doit y avoir à l'extrémité de chaque Serre une espèce d'antichambre par laquelle on passe en hiver, & non pas par la porte ordinaire ni par les vitrages qui sont sur le devant. L'air se renouvellera dans cette chambre dont je parle, toutes les fois qu'on y entrera, & en ouvrant la porte de cette chambre qui donne dans la Serre l'air se mêlant avec l'autre qui étoit renfermé lui communiquera de nouvelles parties qui contribueront à la végétation & à l'accroissement des plantes. Maintenant pour expliquer ce que j'entends par ces parties de l'air nouveau qui sont nécessaires à l'accroissement des plantes, je dois avoir recours a quelques expériences que l'on à faites sur l'air par rapport à la

nourriture

nourriture des animaux , & qui a bien des égards font analogues aux plantes ; par exemple, un homme qui entre dans une cave où il eſt renfermé & n'a pour reſpirer que l'air que contient la cave , s'appercevroit après un petit eſpace que l'air devient de plus chaud en plus chaud juſqu'à ce qu'enfin il feroit en danger d'être ſuffoqué , & ne pourroit revenir à lui que par le moyen d'un air nouveau. Cette expérience nous fait voir qu'il y a quelques particularités dans l'air qui font abſolument néceſſaires pour entretenir la vie dans les corps humains ; & que quand cette qualité eſt épuiſée le reſte de l'air devient inutile : ainſi quiconque connoît tant ſoit peu la nature des plantes ſçait certainement qu'une plante qui a été privée d'air pendant quelque temps languit , perd ſa verdure , & quelquefois périt ſans

Tome III.   I

ressource. Il y a encore une autre expérience qui tend à confirmer la première, & qui explique
plus clairement ce que c'est que
cette qualité de l'air nécessaire
pour la conservation de la vie hu-
maine, qui semble être la même
qui entretient le feu ou la flamme.
Par exemple, une chandelle allu-
mée étant mise sous une cloche
fermement attachée sur une table
brûlera peut-être pendant une ou
deux minutes selon la quantité
d'air qui sera renfermé dans la
cloche avec la chandelle ; mais
aussi-tôt que la qualité de cet
air nécessaire à la nourriture
de la flamme sera épuisée, la
chandelle s'éteindra. On a essayé
trop souvent de faire cette expérience pour en conclure que la
chandelle s'éteint par hazard ;
nous voyons au contraire, qu'en
introduisant de l'air nouveau dans
la cloche elle continue de brû-

ler : pour faire voir que cette qualité de l'air est la même qui conferve la vie dans les corps humains, on a effayé fi l'air fortant
des poulmons ne produiroit pas
le même effet que l'air extérieur
avoit produit auparavant ; mais
on a trouvé qu'il n'y faifoit rien,
& que la chandelle s'éteignoit
comme elle auroit fait fans cela.
Ainfi il paroît que, quand nous
afpirons l'air, les poulmons en
tirent ce qui eft néceffaire pour
la nourriture de nos corps & en
rejettent le refte. Mais je crois
en avoir affez dit pour expliquer
ce que j'entendois en prefcrivant
d'introduire de l'air nouveau dans
la Serre, toutes les fois que l'occafion s'en préfente.

Arrofez un peu vos plantes de
Serre & ne perdez point de vûe
cette regle, que jufqu'à la fin de
Mars il ne faut point du tout donner d'eau aux aloës, aux euphor-

bes, aux figuiers d'indes, aux *chardons - melons*, aux *cierges* ni aux joubarbes.

Préparez des abris pour vos fleurs tendres telles que les anemones & les renoncules choifies : car c'eft alors que les grandes gelées commencent.

Ne vous preffez pas trop d'échauffer votre Serre par des feux artificiels ; mais faites-y entrer autant de foleil que vous pourrez. Appliquez-vous plutôt à garentir vos plantes de la gelée qu'à les faire croître ; car les branches trop précoces endommagent les plantes.

Retranchez de vos plantes exotiques les feuilles mortes & pourries qui bien-tôt attaqueroient toute la plante.

Fleurs qui se trouvent dans la Serre & dans les Jardins à fleurs en Décembre.

LES FEUILLES du lis panaché font à préfent fort belles & ne le cédent à aucune autre fleur, nous avons maintenant en pleine fleur le laurier-thim, l'épine de Glaf-femburi, les *geraniums*, le thlafpi toujours verd, le jafmin jaune des Indes, le jafmin blanc d'Ef-pagne, le pain de pourceau, les ficoïdes, les aloës, les girofflées vivaces, les anemones fimples, les violiers jaunes fimples, les mu-fles de veau, les prime-veres com-munes & les polianthes. Les fruits de cette faifon font ceux de l'ar-boifier, de l'amomum de Pline, les pommes dorées, les oranges, les limons, les citrons, les pyracan-thes, les olives & les grenades.

I iij

Nous avons sur les couches quelques hyacinthes & des narcisses, il y a aussi en fleur l'ellebore noir, quelques perce-neiges & l'aconit d'hyver.

DESCRIPTION
D'UNE SERRE,

Propre à bien conserver les plantes exotiques pendant l'hyver, & construite d'après le dessein de Galilei Florentin.

COMME je conçois que le peu d'estime que l'on a pour les plantes exotiques vient principalement des difficultés qu'il y a de les conserver pendant l'hyver, j'ai tâché de donner des regles pour les gouverner & pour en rendre la culture aisée & familière aux amateurs de ces raretés : mais quand je considére combien le bon état d'une Serre contribue à la beauté & à la perfection d'une orangerie, je ne suis point surpris de voir tous les jours de belles collections d'ar-

bres à demi empoifonnées par le
charbon de terre, ou entièrement
ruinées par les gelées ; tout cela
vient de ce que les Serres font
mal conftruites en Angleterre,
comme je l'ai déja infinué dans
mes nouvelles obfervations, livre
cinquiéme, chapitre premier *de
la Serre*. C'eft pourquoi j'ai confé-
ré avec le célébre Architecte Galilei fur la manière de conftruire
une Serre qui fût en même-temps
conforme aux régles de l'Archi-
tecture, & commode pour la confervation des plantes exotiques.

On voit dans la planche 2e le
plan d'une Serre qui fuffira, avec
les remarques fuivantes, pour expliquer les planches 3e & 4e.

A & B font deux chambres aux
deux bouts de la Serre deftinées
pour la commodité des Jardiniers
ou pour tout autre ufage qu'on en
voudra faire. Ces chambres fervent
de paffage pour entrer dans la Serre

pendant l'hyver , afin que l'air froid ne puiſſe pas ſe faire ſentir directement ſur les plantes : *a* & *b* dans ces chambres ſont des endroits deſtinés à ſerrer les graines , les outils , les papiers , les livres , &c. & *c*, *c*, ſont deſtinés pour placer des lits.

C dans la moitié du décagone , ſont des bancs pour placer les plantes les plus tendres telles que les aloës , &c. On deſtine cet emplacement à ces plantes afin qu'elles puiſſent recevoir le ſoleil depuis le matin juſqu'au ſoir , & la coupole qui eſt toute de vitrages du côté du midi contribuera à leur donner encore plus de ſoleil. Mais les piliers *d*, *e*, *f*, *g*, qui ſoutiennent la demie coupole peuvent être ôtés ou laiſſés , ſi l'on veut : ils ſerviront d'ornement lorſque les plantes ſeront dans la Serre ; mais ils ne ſont pas d'une grande utilité pour ſoutenir la coupole, d'autant

I v

plus que le faîte suffit pour cela.

Les colonnes *h*, *i*, *k*, *l*, *m*, *n*, *o*, *p*, sont d'ordre Corinthien, ainsi que les autres qui soutiennent la coupole. Elles sont disposées de manière que le soleil peut luire dans la Serre sans être beaucoup intercepté; & c'est une des choses les plus importantes à considérer dans la disposition d'une Serre.

Les chaſſis de verre doivent être de même hauteur que les colonnes & disposés de manière qu'on puiſſe aiſément les faire gliſſer en haut & en bas, ſelon qu'il eſt à propos de donner de l'air dans la Serre : on doit les placer de manière à les faire remonter dans la friſe lorſque les plantes ſont hors de la Serre, enſorte que le devant ſoit tout ouvert, & reſſemble à un portique ou à une colonade.

Pareillement les fenêtres de la friſe doivent être conſtruites de façon à pouvoir gliſſer en en-bas, lorfqu'on veut faire entrer l'air par le haut de la Serre, ce qui fouvent eft fort néceffaire.

Les chaffis depuis *i*, jufqu'en *o*, doivent auffi être faits à couliffe, comme les décorations d'un théâtre, de manière que l'on puiffe renfermer le demi-décagone quand on veut donner de l'air aux autres plantes plus dures.

D, D, font des tablettes pour les plantes les plus dures de la Serre, comme les orangers, les limoniers, les mirthes, &c. On doit avoir foin en les rangeant de laiffer entre elles des fentiers, afin de pouvoir paffer autour des plantes pour les arrofer.

E, eft une grotte ou fontaine fort néceffaire pour arrofer les plantes en hyver; car l'eau de ce baffin fera tempérée par l'air chaud de la Serre & en état de nourrir les plantes; au lieu que l'eau apportée directement du dehors en-

I vj

dommageroit les plantes plutôt que de leur être utile. Je laisse à juger à chacun combien ce baſſin jettera d'ornement dans la Serre, ſoit en hyver lorſque les plantes y feront renfermées, ſoit pendant l'été lorſque l'on fait de la Serre un appartement de plaiſir.

F, F, ſont deux cheminées qui ſervent en même-temps à échauffer les piéces des deux bouts de la Serre & à porter un air chaud parmi les plantes. Voyez la conſtruction de ces cheminées dans le Livre de Monſieur Déſaguliers, intitulé: *feux perfectionnés.*

Une Serre conſtruite de cette manière n'a pas beſoin de volets aux fenêtres; car le ſoleil & la chaleur qui vient des cheminées conſervera toujours dans la Serre, un air aſſez chaud pour empêcher les gelées d'endommager les plantes. On doit ſe contenter dans la ſaiſon la plus froide de couvrir les

fenêtres de la demie-coupole avec
des nattes de pailles ; parce que
ce font les plantes les plus tendres
qui y font renfermées. Après avoir
tâché d'expliquer l'utilité de cette
Serre fi ingénieufement imaginée
par Galilei. J'ai crû devoir en donner au Lecteur la figure & la coupe
dans les planches 3e & 4e.

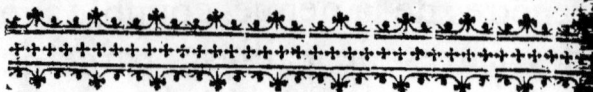

SUPPLÉMENT

Aux Observations Physiques Pratiques, sur le jardinage & l'art de planter.

DEPUIS que j'ai traité des arbres de forêts dans mes nouvelles Observations, quelques personnes m'ont fait sentir qu'il étoit nécessaire que je m'étendisse un peu plus sur ce sujet, & que j'ajoutasse la méthode de multiplier les arbres qui y ont été obmis. Les arbres dont j'ai traité, sont le chêne, le frêne, le hêtre, l'orme, le noyer & le châtaignier. A la vérité suivant les termes des Loix forestières, l'orme n'est pas un arbre de forêts, mais seulement un arbre de clôture, parce qu'il croît dans les pâturages. A l'égard du pin & du sapin,

je les ai obmis parce qu'ils ne font
pas communs en Angleterre ;
néanmoins comme j'ai trouvé depuis qu'ils produifent de bon bois
de charpente chez nous , & qu'ils
améliorent même les terreins qui
auparavant étoient ftériles & fecs ,
je rapporterai ici en peu de mots
la manière de les cultiver. Je dois
avertir d'abord mes Lecteurs que
nos terreins de bruyères , & les
rochers qui ne rapportent que
peu ou point de profit , font extrêmement favorables pour ces
plantes , quand même les premiers feroient compofés du fable
le plus fec , & que les derniers ne
feroient recouvert que d'un peu de
terre ; il me femble aufli que toutes les efpèces de fapins croiffent
dans toutes fortes de terreins &
d'expofition.

Du Sapin, du Pin & du Pin sauvage.

Comme toutes ces plantes se multiplient de graines, il sera bon de rapporter en peu de mots la manière de les semer. Il faut ceuillir les cônes quand on remarque qu'ils commencent à changer de couleur & à brunir, c'est-à-dire, vers la fin d'Août; car ils commencent à se fendre en Septembre, & un ou deux jours de chaleur suffisent pour en faire tomber la graine qui est perdue; parce que les oiseaux en sont fort friands & la dévorent aussi-tôt. Quand on a ceuilli les cônes, il faut les étendre sur des nattes & les exposer au soleil qui les fait ouvrir, & en détache la sémence & les noix. Ces noix & cette graine après avoir été bien nettoyées doivent être tenues dans un lieu sec, & au mois de Mars sui-

vant on les feme fur des carreaux
de terre que l'on couvre d'un filet;
fçavoir : la graine des fapins fort
près de la furface , & celles des
pins plus avant : l'hyver fuivant on
répand un peu de fable par-deffus
pour affermir les jeunes racines &
empêcher que la gelée ne les dé-
terre. Il y a des gens qui les fement dans les caiffes , où ils reftent deux ans , & qui enfuite tranf-
portent ces caiffes à l'endroit où
ils veulent faire leur plantation.
Cette opération fe fait en Avril ,
& on les plante chacune dans un
limon mince fait de terre & d'eau.
La diftance qu'on donne à ces arbres doit être d'environ trois
pieds , & il faut les laiffer dans cet
état autour de quatre ou cinq ans :
après quoi on tranfplante chaque
arbre féparément dans la faifon &
de la manière qui vient d'être rap-
portée. Ces arbres profitent beaucoup dans les bruyères les plus

stériles, & même dans le sable le
plus sec. Ils croissent fort vite, de-
sorte que dans l'espace de vingt
ans, ils peuvent bien valoir vingt
livres chacun, s'ils sont plantés en bois; au lieu que si on les
plante séparément, ils ne vau-
dront peut-être cette somme qu'au
bout de trente ans. Les espèces de
sapins sont le sapin d'Ecosse, le sapin argenté, le sapin de Norvege,
& le sapin à poix; mais les deux
premiers sont ceux qui réussissent
le mieux chez nous. A l'égard
des pins & du pin sauvage, ils réussissent très-bien en beaucoup d'endroits d'Angleterre, comme il est
aisé de s'en convaincre par ses propres yeux.

Du Sicomore ou grand Erable.

Le sicomore est remarquable
par la vitesse avec laquelle il croît.
Il réussit dans presque toutes les
sortes de terreins où d'autres ar-

bres plus recherchés ne profite-
roient pas ; mais il se plaît principalement dans une terre séche &
légère. On le multiplie par le
moyen des châtons ou graines,
que l'on seme au printemps. Comme il n'y a guère d'arbres qui conservent si peu de temps leurs feuilles, on ne s'en sert pas pour les
avenues ou allées ; d'ailleurs ceux-
ci ont toujours une certaine humidité, qui les rend fort sujets aux
chenilles & aux insectes qui s'y lo-
gent & y multiplient, autre incon-
vénient pour les promenoirs. On
peut les planter dans des parcs,
par la raison que les bêtes fauves
n'en sont pas friandes. Son bois
qui est dur & léger, ne le céde
guères au frêne, & on s'en sert
beaucoup pour faire des charues,
des charettes, & pour toutes sortes d'ouvrages de tour. On peut
fort bien le transplanter quelque
grandeur qu'il ait acquise, sur-

tout dans le mois de Février. C[e]
arbre eft extrêmement utile pou[r]
les plantations voifines de la me[r]
parce que les tempêtes lui font [n]
rement du tort : il femble mê[me]
qu'il réuffiffe le mieux , quand [il]
eft le plus expofé aux vents. C'e[ft]
pourquoi on doit planter des bo[is]
ou bofquets de cette forte d'a[r]
bres pour garantir les Jardins q[ui]
fe trouvent dans le voifinage de [la]
mer.

De l'Erable.

L'érable croît dans toutes fort[es]
de terreins ; mais il fe plaît princi[pa]
palement dans les terres féche[s,]
& réuffit plûtôt fur les montagne[s]
que dans les plaines. Il eft fort fu[jet]
jet à pouffer des branches laté[ra]
rales qui le rempliffent de nœud[s]
& d'inégalités & le font tant efti[me]
mer des Menuifiers , &c. Quand
il n'a point ces nœuds , on en fai[t]
de belles planches ; & on le choi[fit]

t souvent à cause de sa légèreté
our faire des instrumens de mu-
que. Il n'est pas propre à être
lanté dans une haye où il y a d'au-
res arbres au-dessous, à cause d'u-
e substance visqueuse qu'il ré-
and & qui est extrêmement pré-
idiciable aux branches des arbres
ur lesquelles elle tombe. Il est
ussi fort bon pour l'usage des
ourneurs. On le multiplie com-
ne le sicomore par le moyen de sa
raine, que l'on seme au prin-
mps ; & on le gouverne de la
même manière que le frêne ; sa
raine ne leve qu'un an après avoir
té semée : on peut le transplanter
e toute grandeur ; mais le temps
e plus favorable pour cela est le
ommencement du mois de Fé-
rier, ou la fin d'Octobre.

Du Tilleul.

Il y a de deux sortes de tilleuls :

l'un à feuilles larges qui vient de
Flandres, & le tilleul sauvage qui
vient naturellement en beaucoup
d'endroits d'Angleterre. Le premier croît beaucoup plus vîte que
l'autre, & on le lui préfére à cause d'une certaine mauvaise odeur
naturelle au tilleul sauvage, dont
le bois passe pourtant pour être
d'un meilleur usage, & dont l'é-
corce sert à faire des cordes fort
utiles aux Jardiniers. On peut les
multiplier tous les deux de graine,
mais comme cette méthode est
beaucoup plus embarrassante &
peu sûre, il vaut mieux les perpétuer
de boutures ou par le moyen des
rejettons que leurs racines poussent en abondance : en s'y prenant vers le milieu de Septembre,
ils reprendront racines aussi-tôt,
& feront en état d'être transplan-
tés au bout d'un an dans la pépinière, où on les gouvernera de
même que l'orme. Ils se plaisent

principalement dans une terre franche un peu fabloneufe ; & je ne connois point de nature de terrein qui leur foit contraire, fi ce n'eft peut-être une terre de craye, qui les rend fujets à engendrer de la mouffe. Ils fupportent à merveille la fumée du charbon de terre dans laquelle les autres arbres ne peuvent pas vivre. On peut les tranfplanter quand ils ont atteint la hauteur de douze ou quinze pieds, auquel cas ils réuffiffent bien, fur-tout fi on les a accoutumés de bonne heure à avoir leurs racines émondées dans la pépinière. Cet arbre eft d'une belle couleur verte & jette beaucoup d'ombrage, ce qui le rend fort propre pour former & orner des avenues ; on peut en fûreté les tailler, fes branches coupées fe cicatrifent auffi-tôt. Quand on le plante en allées, il faut laiffer d'un arbre à un autre quinze ou vingt

pieds de diftance. Son bois eft propre à faire des modéles pour ceux
qui bâtiffent : les Charpentiers
de vaiffeaux l'eftiment fort parce
qu'il n'eft point fujet à fe fendre,
qu'il eft d'une belle couleur blanche , & en même-temps fort &
léger ; fes jeunes branches fervent
à faire des corbeilles & à tous les
ouvrages aufquels on employe ordinairement le faule. Enfin on fe
fert du charbon de tilleul dans la
fabrique de la poudre à canon , &
on le regarde comme beaucoup
meilleur à cet ufage que celui
même de l'aune. Je connois un
Gentilhomme qui en a boifé plufieurs appartemens au lieu de chêne ou de fapin : cette boiferie fe
trouve fort bonne , quoi qu'elle
ait déja plus de douze ans.

Du Cormier.

Le cormier peut fe multiplier au
moyen

moyen de son fruit, dont on sé-
pare la pulpe pour en tirer la graine
que l'on seme au mois de Mars.
On peut aussi en coucher les branches; & on le tire de toute grosseur des bois où il croît naturellement, pour le transplanter. Il af-
fectionne un terrein fertile, argilleux, & un peu humide; & ne
réussiroit pas bien dans un terrein
sec, à moins qu'on ne l'y eût
multiplié de sémence, auquel cas
presque toutes les espèces de terrein peuvent lui devenir naturelles.
Il pousse de fort bonne heure; &
même il boutonne pendant l'hyver le plus rude, ce qui le fait rechercher comme très-propre à orner des avenues; son bois est excellent pour faire des affuts de canon, des poulies, des moyeux,
des vis; & les Graveurs en bois
en font beaucoup de cas, parce
qu'il a le grain fin & qu'il dure
beaucoup.

Tome III. K

Du Charme.

Le Charme est de tous les bois durs que je connoisse, celui qui croît le plus vite, qui forme les hayes les plus épaisses & les avenues les plus couvertes. Ses feuilles qui durent long-temps & qui sont d'un très-beau verd, le font beaucoup rechercher pour cet usage. Son bois est dur ; les Tourneurs l'estiment beaucoup, & on s'en sert pour faire des formes de Cordonniers, des manches d'outils, &c. & il est excellent aussi pour brûler. On le perpétue par le moyen des rejettons que ses racines produisent toujours ; quoiqu'on peut aussi le multiplier de graine qui mûrit dans le mois d'Août & que l'on seme en Octobre. Son terrein favori est la craye, & il semble qu'il se plaise sur les montagnes : il réussit fort bien dans des terres humides, ferrées, & ſtériles, dans les bois & dans les parcs, parce que les bêtes fauves ne lui font pas de tort. Il fournit à ce qu'on prétend un ombrage excellent pour la promenade, & profite même à l'égoût des autres arbres. On peut le tranſplanter à neuf ou dix ans pour le mettre ſéparément comme d'autres arbres ; & lorſqu'il eſt de la groſſeur du doigt, on doit le planter en haye, en le coupant à ſix pouces de terre l'année d'après qu'il a été planté.

Du Bouleau.

Quoique le Bouleau ſoit regardé comme un des moindres arbres, cependant ſon bois eſt fort utile pour faire des vis, des baguettes, des perches, &c. ainſi que pour faire pluſieurs ſortes d'ouvrages de tour. Sa ſeve fait

une boisson vineuse fort saine ; il
est bon à brûler, & on en fait d'excellent charbon. Il y a des gens
qui prétendent que son écorce est
préférable à celle du chêne pour
tanner les cuirs : c'est pourquoi ce
ne peut être qu'un arbre très-bon à
planter. On le multiplie par le
moyen des rejettons, & il réussit
fort bien dans un terrein sec & stérile, où on ne peut faire venir
guères d'autres choses : mais aucune sorte de terre ne lui est contraire, pas même celle qui ne rapporte point de gazon ; cet arbre est
propre à planter dans un fond de
rocher, de sable, de gravier, &c.
ce qui le rend plus digne d'être
cultivé par ceux qui sont propriétaires de pareilles terres stériles.
J'en ai vû pareillement profiter
fort bien dans un terrein humide
& plein de sources.

Du Peuplier.

Nous avons deux fortes de Peupliers qui méritent d'être connus, fçavoir : le Peuplier blanc & le noir. Ils croiffent dans toutes fortes de terreins ; mais ils se plaifent sur-tout dans une terre humide. Le tremble & le *Abele* se plaifent auffi dans les lieux humides, & la manière de les cultiver eft la même à tous égards. Ils font fort sujets à pulluler & produire des rejettons par leurs racines, par le moyen desquels on les multiplie. Leurs racines occupent beaucoup de terrein, & conféquemment font beaucoup de tort aux arbres fruitiers qui en font voifins. Mais si l'on veut avoir promptement de l'ombre & des allées, ils font préférables à tous les autres arbres, sur-tout l'*Abele* qui pouffe fouvent des branches de dix ou douze

pieds en un an. C'est un arbre qui
n'est pas de longue durée ; mais le
bois en est utile pour toutes les
espèces d'ouvrages de tour en bois
blanc ; & il est bon aussi pour les
bâtimens, quand il est bien sec, &
on en fait de fort bonnes planches.
On peut aisément le transplanter,
quand il est grand, à quinze ou
vingt pieds de distance ; ou même
on doit le faire quand il est petit,
& en le tenant bien nétoyé des
mauvaises herbes : les tiges les
plus vigoureuses peuvent être tail-
lées une année ou deux, ou même
plus long-temps. Elles deviennent
extrêmement belles dans l'espace
de vingt ans ; & comme l'arbre
croît fort vîte, il ne peut manquer d'être profitable à son maître ;
mais sur-tout il en faut planter une
grande quantité, lorsque le bois
à bruler est rare ; les bottures qui
se font ordinairement dans le mois
de Janvier produiront une bonne

provifion de bois pour cet ufage.

De la manière d'éprouver & d'améliorer les terres.

Quoique j'aye parlé des différens terreins dans mes nouvelles Obfervations, je crois qu'il ne fera pas inutile de prefcrire la méthode de les améliorer. Si l'on prend différentes fortes d'argilles, & que l'on mette chaque efpèce dans divers baffins pleins d'eau, jufqu'à ce qu'elles fe diffolvent foit d'elles-mêmes ou par forcè, on trouvera une matière vifqueufe ou huileufe qui nagera fur la furface de l'eau ; & après en avoir examiné les parties terreftres, on découvrira leur principe qui eft le fable, mêlé avec des parties de pouffière, comme on le diftingue dans le microfcope qui fait voir que ce font des parties broyées, ou des végétables, ou des chofes qui

K iv

ont des vaiffeaux difpofés de manière que le fuc y puiffe circuler,
tels qu'on n'en peut pas découvrir
dans le fable ni dans aucune efpèce
de pierre.

Il eft à remarquer dans les terres argilleufes placées en pente,
que quelques-unes des parties de
l'argile proches de la furface font
fouvent entrainées par les grandes
pluyes dans des creux , où, pour
être continuellement lavées des
eaux , elles perdent la matière vifqueufe ou huileufe qui les lioit enfemble, de manière que quand
elles font féches, elles deviennent
comme de la pouffière dont les
parties ne font pas cohérentes;
mais fans un pareil lavage elles
durciroient en féchant , comme
font toutes les argilles, & les
corps qui font compofés des parties déliées de végétables , ou d'a-
nimaux mêlées avec des matières
huileufes ou vifqueufes , lorfque le

feu folaire les defféche. C'eft ce
qu'on peut remarquer dans la farine & l'eau, lorfqu'on les a mêlées enfemble & qu'elles forment
une pâte, où les parties des végétables étant vifqueufes, fe lient
fermement enfemble lorfqu'on y
met de l'eau, & deviennent d'une
dureté extraordinaire, quand toute la maffe eft bien defféchée; fi
on mêle de la fleur de farine ou du
blanc avec de l'huile, & qu'on
laiffe bien fécher ce mêlange, il
deviendra auffi dur qu'une pierre.

De plus, fi on mêle de l'huile
ou de quelque matière vifqueufe
avec du fable qui a été bien lavé &
nétoyé de toutes parties animales
ou végétables, on verra que cette
maffe bien defféchée fe brifera facilement; mais fi on y joint un limon formé feulement par des
feuilles pourries, il deviendra
d'une nature ferrée & même auffi
dur qu'aucune efpèce de terrein

K v

que nous appellons argille naturelle.

De l'arrofement des Plantes.

Nous examinerons ici en général comment l'eau agit fur les
plantes, & quels font les fignes
auxquels on apperçoit qu'elles en
ont befoin.

Toutes les plantes, foit que leurs
racines foient bulbeufes, tubuleufes ou fibreufes, tirent leur nourriture des parties aqueufes contenues dans la terre par le moyen
de l'extrémité de leurs fibres : car
toutes les bulbes auffi-bien que
les racines tubuleufes font nour-
ries par l'enbouchure de leurs
fibres.

Par cette raifon, lorfqu'il eft
queftion d'arrofer une plante, il
eft néceffaire de verfer l'eau, à
l'endroit où on peut croire raifon-
nablement que fe trouvent les

extrémités des fibres, ce qui dans les grands arbres peut-être à une diſtance conſidérable, même juſ-qu'à ſix ou huit pieds de la tige ou corps de l'arbre, & quelque-fois à deux ou trois pieds ſeule-ment ſelon la groſſeur de l'arbre. Mais quand on arroſe ces arbres ſuivant l'uſage ordinaire fort près du tronc, la plûpart des fibres ne profitent point de ces arroſemens, & l'arbre languit toujours. On ne devroit pas non plus ſe con-tenter d'arroſer immédiatement à l'endroit où l'on croit que les em-bouchures des fibres ſont placées, mais il faudroit rafraîchir abon-damment la terre à un pied ou deux au-delà ; afin que l'eau ne pût pas s'exhaler trop-tôt, mais qu'elle eût le temps de ſéjourner & de nourrir l'arbre tant par les racines, qu'en faiſant paſſer ſa vapeur humide dans le tronc, les feuilles & le fruit, pour en nour-

K vj

rir les parties les plus fpongieu-
fes , tandis que les racines en tirent de quoi fe mettre en état de
remplir leurs fonctions.

Il y a bien des fignes auxquels
on connoît que les plantes ont
befoin d'eau ; mais il eft dangereux d'attendre qu'on les apper-
çoive ; car fouvent le reméde
pourroit venir trop tard. On connoît que les plantes font malades,
quand elles fe retirent , quand
leurs feuilles jauniffent , fe flé-
triffent & deviennent pendantes,
& lorfque les fruits verds tombent
des arbres : ainfi toutes les fois
qu'on apperçoit quelques-uns de
ces fignes de maladies , il ne
faut pas différer plus long-temps
de bien arrofer, comme je l'ai déja fait obferver. Lorfque le temps
eft chaud, comme on doit pré-
fumer qu'il l'eft toujours en pareil
cas , un jour ou deux de délai
fuffifent quelquefois pour faire

mourir un arbre, ou si c'est une petite plante, on peut-être sûr qu'un jour d'oubli suffit pour la détruire.

Il faut dans ces circonstances examiner la nature du terrein ; si c'est du sable ou de l'argille, une terre legére & ouverte, ou une terre forte & compacte. Dans le premier cas, il faut arroser plus souvent que dans le second : dans une terre sablonneuse & par un temps sec on ne doit pas laisser un arbre fruitier plus de quinze jours ou trois semaines sans l'arroser, sur-tout s'il se trouve dans une exposition chaude. Si la terre est forte & serrée, une sécheresse d'un mois ne lui fera point de tort ; mais il ne faut pas différer plus long-temps à lui donner de l'eau, on doit en même temps remuer la surface de la terre que l'on veut arroser, afin de l'empêcher de devenir trop dure, ce qui arrive-

roit, fi le terrein tenoit un peu
à l'argile.

Il faut remarquer par rapport
à l'arrofement des plantes, que
dans les faifons chaudes, le foir
eft le temps le plus favorable,
parce qu'alors l'eau a affez de
temps pour s'infinuer dans la
terre, avant que la grande ardeur du Soleil puiffe la faire exhaler, ou qu'elle échaude les racines des plantes; ce qui ne man-
queroit pas d'arriver, fi on arrofoit
les plantes pendant la grande chaleur du jour.

Ce qu'on a lû jufqu'à préfent
doit s'entendre de l'arrofement
des arbres & des plantes qui croiffent en pleine terre : mais les
plantes en pots demandent encore d'autres précautions.

La terre des pots doit être un
peu plus élevée auprès de la tige
de la plante & aller un peu en
pente vers les bords; afin que par

ce moyen l'eau tombe vers les parties du pot qui répondent aux petites fibres de la plante plutôt que de rester autour de la tige.

Après avoir arrosé trois ou quatre fois un pot, il faut toujours remuer un peu la surface de terre qui sans cela se durciroit trop autour de la plante & ne donneroit pas également passage à l'eau pour arriver jusqu'à la racine de la plante ; ou bien on peut laisser à la surface du pot environ un pouce d'épaisseur de fumier de vache, quand les chaleurs arriveront. Ce fumier empêchera que le Soleil n'échaude les racines, ce qui arrive souvent quand on ne prend pas ces précautions.

Quand on a dans des pots des arbres ou des plantes qui veulent être beaucoup arrosées, il faut les tenir à l'ombre pendant les grandes chaleurs de l'été, ou bien enfoncer le cul des pots

d'environ un pouce dans des vaſes pleins d'eau : les plantes at-
tireront par les trous qui ſont au
fond des pots la quantité d'eau
dont elles ont beſoin, & ainſi
pourront reſter une quinzaine de
jours en bon état pendant les
plus grandes chaleurs, ſans qu'on
ſoit obligé de remettre de l'eau
dans les vaſes. C'eſt la meilleure
méthode de gouverner les myrthes pendant l'été auſſi bien que
toutes les autres plantes qui pouſ-
ſent vigoureuſement & qui ne ſont
pas ſucculentes.

De la manière de prendre des canards ſauvages.

Comme il y a bien des Gentil-
hommes qui ont beaucoup d'eau
dans leurs enclos, ſur-tout auprès des endroits où il y a quantité
de canards ſauvages, je penſe que
rien n'eſt plus avantageux que d'y

pratiquer des canardières, & que
c'eſt en même temps un divertiſſe-
ment fort agréable.

Il faut pour pratiquer une canardière choiſir un endroit où on
ait la commodité de former une
grande piéce d'eau d'où on puiſſe
conduire pluſieurs canaux bran-
chus, trois, cinq, ou plus ſuivant la grandeur de la piéce d'eau
qui tous ſe terminent en pointe
après avoir fait un coude, & dont
les entre-deux ſoient plantés d'aulnes, de ſaules, d'oſiers & autres
arbres ſemblables. D'un côté de
chaque canal depuis le coude juſqu'à l'embouchure ſont placés des
paneaux de roſeaux à peu près de
hauteur d'appui, diſpoſés comme
des eſpèces de paravents, avec
des trous par leſquels le chaſſeur
peut regarder ; de deux en deux
panneaux il y a au bas un trou
par lequel un chien peut entrer
& ſortir. On place ſur le canal un

réseau en forme de berceau & qui
au-delà de l'angle s'y termine en
tonnelle dans laquelle les oiseaux
se prennent comme on peut le voir
dans la figure I & II pl. v. Après avoir
ainsi prescrit la manière de faire la
canardière, je vais expliquer la façon dont on s'y prend pour attrap-
per les oiseaux. Le chasseur des-
cend à l'angle du canal, regarde
par les trous du panneau de roseau, & lorsqu'il apperçoit à
l'embouchure du grand étang une
quantité suffisante de canards, il
siffle doucement : les canards pri-
vés qu'on a apportés exprès nagent
dans le canal qui est couvert de
filets pour manger le bled qu'on
leur jette dans l'eau par-dessus
les panneaux de roseau ; les canards sauvages suivent aussi pour
avoir leur part du grain. Pendant
ce temps-là un chien instruit à ce
manége entre & sort en courant
par les trous pratiqués au bas des

panneaux , ce qui amufe les canards. & les empêche d'appercevoir aucun danger. Lorfqu'on les
a attirés affez avant dans le canal , le chaffeur courbé marche
le long des rofeaux jufqu'à ce
qu'il foit au-delà des canards.
Pour lors il fe léve & fe montre
tre par-deffus les rofeaux ; au
moyen de quoi les canards fauvages feuls prennent l'effroy & vont
du côté oppofé fe jetter dans la
partie la plus étroite du canal ,
& ainfi fe prennent dans la tonnelle : tout cela fe fait fans bruit
& fans effaroucher le refte des
canards fauvages qui font dans le
grand étang. Ainfi le chaffeur
ayant fait fa chaffe fur un canal ,
va faire la même chofe à tous les
autres. On prend ainfi dans un
de ces endroits un nombre infini
de canards fauvages tous les ans.

La canardière étant préparée
de la manière que je viens de le

dire , & plantée d'aulnes , de
faules & autres arbres qui croiffent dans les lieux humides. &
marécageux , foit par le moyen
des chicots , des rejettons ou des
boutures , fera en deux années de
temps en état de fervir ; & pendant les deux premières années
elle fournira tant de couvert aux
canards fauvages qui fe retirent de
ce côté , qu'ils commenceront à
y multiplier , & a en attirer d'autres dans le même endroit auffi
bien que des pluviers , des farcel-
les &c. Il faut remarquer que ces
endroits doivent être les plus tran-
quilles que l'on peut , & qu'on
n'y doit point laiffer parler de
crainte d'effaroucher les oifeaux ;
car ces efpèces d'oifeaux fauvages
font fort peureux , & la moindre
allarme eft fuffifante pour leur faire abandonner la place. On remarque que ces canardières fe font
ordinairement dans des Pays

plats, où on ne trouve presque aucuns autres arbres que ceux que l'on plante dans les canardières, de sorte que les canards sauvages sont autant attirés par les arbres que par l'eau; & qu'on en prend dans ces endroits pour l'ordinaire un plus grand nombre que dans les Pays de bois. On auroit de la peine à imaginer, le nombre prodigieux que l'on prend dans une canardière bien placée : il y en a qui quand elles sont bien servies & à la proximité d'un bon marché produisent à leurs propriétaires jusqu'à cinq, six ou sept cent livres sterlings par an ; cet avantage est sûr quand une fois il a commencé. Car quand il y a une colonie de canards sauvages établie dans un endroit, on peut compter qu'elle augmentera plutôt que de diminuer : ces oiseaux en attirant toujours d'autres, pourvû qu'on ne les effarouche pas.

Ce qu'il y à de singulier , c'e[s]
qu'il ne faut jamais laisser échap[-]
per aucun oiseau qui a été dan[s]
le filet ; car assurément il quitte[-]
roit la place , & en emméneroi[t]
bien d'autres avec lui. Je rapport[e]
ici cette remarque ; parce qu'i[l]
arrive souvent qu'on en prend
plus que l'on n'en a besoin : &
lorsqu'une fois un marché com[-]
mence à en être surchargé , & qu[e]
ces oiseaux baissent de prix , i[l]
est bien difficile de le rétablir.

EXPLICATION

De la figure première.

AA , fait voir le corps de l'eau[.]

BBB ; les embouchures de l'étan[g]
    qui conduisent aux canaux.

CCC, les embouchures des canaux

D , l'angle d'un des canaux.

EE , les écrans ou panneaux d[e]
    roseau.

F , le filet en tonnelle qui se ter[-]
    mine à la pointe du canal. *G*

H, les chemins de communication qui vont d'un canal à un autre.

PLANCHE SECONDE,

Vüe d'une partie d'une canardière avec un des canaux couverts de filets.

A, le réfeau qui eft pratiqué fur le canal.

B, l'ouvrage de réfeau dans lequel eft la tonnelle.

C, le paravent de rofeau deftiné à couvrir l'homme & à empêcher que les canards ne l'apperçoivent.

D, trous pratiqués dans le paravent pour donner paffage au chien.

De la manière de greffer , d'enter en écuſſon , &c.

Je vais maintenant expliquer les différentes manières de greffer, c'eſt-à-dire, de perfectionner les arbres de ſauvageons qu'ils étoient, & de leur faire produire de bons fruits. Pour cet effet, nos jardins doivent être fournis de ſauvageons de toutes eſpèces , c'eſt-à-dire, d'arbres à pommes, à prunes, à bayes , à cônes , à noix , à glands, & à ſiliques : car on peut rencon-trer quelquefois un arbre ſingulier que l'on ne peut multiplier que par le moyen de la greffe : & comme tous les arbres que l'on peut ima-giner ſont de l'une ou l'autre de ces claſſes, on doit donc avoir des pépinières fournies de pieds d'ar-bres de ces diverſes eſpèces , afin de pouvoir greffer ceux qui por-tent des pommes ſur d'autres de même

même genre, les arbres à prunes
fur des arbres à prunes, & ainfi
des autres.

Le fauvageon fur lequel on applique la greffe, fe nomme le pied,
& la branche ou rejetton que l'on
greffe fur le pied eft appellé le fion
ou la greffe. Chaque fion ou greffe
bien entée fur le pied felon les
régles de l'art, y prendra racine,
& confervera les vertus de fa mere-
plante.

Il y a des plantes qui reprennent
plus vite en les écuffonnant qu'en
les greffant, d'autres ne réuffiffent par aucune de ces méthodes,
mais feulement en les greffant en
arc ; de plus, il y en a qui ne peuvent reprendre qu'en approchant
la greffe. Nous examinerons toutes
ces méthodes les unes après les
autres ; & nous obferverons en
attendant que la nature nous donne en greffant de grandes liber-
tés, & que l'on peut greffer des

Tome III. **L**

pommiers fur des poiriers, des
poiriers fur des pommiers, & les
uns & les 'autres fur l'épine blanche ordinaire, fur laquelle on
peut auſſi greffer des neffliers,
des azeroliers, & les cormiers;
pareillement fur ces greffes on
peut auſſi greffer des coignaſſiers.
Toutes ces métamorphoſes ſe peuvent opérer fur un arbre, ſoit en
fente, en ente ou en écuſſon.

Ainſi tous les arbres à fruits à
noyaux, tels que les pêchers, les
pavies, les abricotiers, les ceri-
ſiers de toutes les fortes, & les
pruniers doivent être greffés en
écuſſon fur des pruniers ou les uns
fur les autres : & ce qui va paroître ſingulier, c'eſt que le laurier-
ceriſe qui eſt notre laurier ordinaire & toujours verd, peut être
enté en écuſſon fur le ceriſier &
le prunier, & même fur tous les
arbres de la claſſe des pruniers. Il
y en a maintenant un exemple dans

le Jardin de Monsieur Whitmill, Jardinier curieux à Hoxton. On doit inférer de-là que ces greffes ou sions sont autant de plantes d'espèces différentes qui croissent sur une autre; ce qui ressemble à une espèce particulière de terrein où on trouve plusieurs plantes de différentes espèces : mais il faut remarquer qu'il y en a toujours une qui profite mieux que les autres.

La première manière de greffer dont je parlerai, est celle que l'on appelle greffer en fente. Elle consiste à couper une partie de l'écorce d'un côté du pied, soit après avoir étêté le sauvageon ou même en lui laissant sa tête ; car on le pratique des deux manières. Si on coupe la tête du sauvageon, pour-lors l'écorce que l'on enleve doit laisser le bois à découvert d'environ un pouce & demi depuis l'endroit où on a coupé la tête en descendant vers la racine, & de la

L ij

largeur du fion qu'on a deffein d'y
appliquer. Enfuite on doit avec la
ferpette fendre le bois en en-bas,
à commencer un peu au-deffous
de l'endroit où on a coupé le fommet de l'arbre, & conduire l'inf-
trument le long du grain du bois,
jufqu'à ce qu'on ait fait une languette d'un pouce de longueur du
côté du tronc dont on a enlevé
l'écorce. Cela fait il faut parer l'é-
corce d'un côté du fion, & enfuite y faire une languette dans le
bois affez longue pour pouvoir s'a-
jufter exactement fur celle du pied
d'arbre : après les avoir placée
l'une fur l'autre de manière que le
écorces du fion & de l'arbre fe joignent, on doit les lier avec d
jonc, & plâtrer toute la parti
entammée avec de bonne terr
franche, bien mêlée avec du fumier de vache; ou bien la couvrir avec le mélange fuivant. Pr
nez quatre onces de ciré d'Abei

les & autant de fuif ; mêlez bien le tout enfemble, & y ajoûtez une once & demie de réfine : on fe fert de ce mêlange un peu plus que tiede avec une broffe douce. Et alors il n'eft pas néceffaire de lier enfemble le fion & l'arbre ; car ces garnitures ne font deftinées qu'à éloigner l'air & l'humidité des parties bleffées jufqu'à ce qu'elles foient bien unies, ce qui arrivera en peu de temps pourvû que les langües de la greffe & de l'arbre foient exactement ajuftées l'une dans l'autre. Quand on greffe de cette manière fans couper la tête de l'arbre, pour-lors on enleve l'écorce dans quelques parties unies d'une branche du pied d'ar-bre, c'eft-à-dire, entre les bour-geons ; & y ajuftant la greffe com-me auparavant par le moyen des languettes, on recouvre la partie entammée avec un peu de la cire à greffer dont j'ai parlé tout-à-

l'heure. Cette dernière opération
peut se faire dans le temps que la
seve est la plus abondante ; mais la
première sa pratique immédiatement avant que les branches commencent à pousser.

La greffe en ente se fait en coupant la tête de l'arbre, & ensuite
fendant avec la serpette le sauvageon à un pouce ou deux de profondeur, selon sa grosseur & celle
de la greffe qu'on y veut en-
ter ; puis on coupe l'extrêmité
de la greffe en forme de coin, &
de la même longueur que l'ouverture que l'on a faite au sauvageon,
& on l'insinue dans cette ouverture de manière que l'écorce du
pied d'arbre & le sion se joignent
ensemble exactement.

S'il arrive que le sauvageon soit
gros comme quand on se sert de
cette manière de greffer pour de
vieux arbres qu'il faut scier & qui
ont quelquefois trois pieds de cir-

conférence ; pour-lors on eſt obligé de faire avec le ciſeau les ou-
vertures où on a deſſein de placer
les greffes, & de les tenir en état
avec des coins juſqu'à ce qu'on ait
placé les greffes à ſa fantaiſie. On
peut mettre dans ces arbres juſqu'à trois ou quatre greffes ; mais
deux ſuffiſent pourvû qu'on ſoit
ſûr qu'elles répendront toutes :
dans ce cas les greffes doivent être
plus groſſes, que ſi le pied d'arbre
étoit plus petit : il eſt aſſez ordinaire dans le Comté de Worceſter de
greffer les pommiers de cette manière avec des ſions qui ont environ cinq pouces de tour ; & ils
réuſſiſſent fort bien : mais il faut
remarquer que quand les greffes
viennent d'un arbre qui a le bois
tendre, elles doivent être plus
groſſes que ſi elles étoient d'un
bois dûr : quand cette opération eſt
finie, on y met un peu de la cire à
greffer dont j'ai parlé, & on en

enduit toutes les parties entammées de l'arbre & de la greffe.
Dans ce cas si l'arbre est gros il
contient affez de sucs végétables
pour nourrir comme il faut les greffes, de sorte qu'elles produiront la
troisiéme année des fruits extrêmement gros, quoiqu'ils ne fuffent
pas à peine gros comme une noi-
fette avant qu'on eût coupé la tête
de l'arbre. Il y a encore d'autres
exemples d'un arbre qui croît fur
un arbre ; & comme la greffe en
ente fe peut pratiquer fur les arbres les plus vieux, elle fe peut
faire auffi fur des plantes venues de
graine & qui n'ont pas plus de
trois mois. C'eft ce que j'ai appris
de Monfieur Curtis de Putney,
Gentilhomme fort' curieux &
grand connoiffeur en plantes. Voici fa méthode, lorfqu'il a des orangers produits de graine : quand il
trouve que ces orangers ont pouffé
une tige d'environ trois quarts de

pouce au-deſſus des feuilles feminales, il en coupe le ſommet, &
faiſant une inciſion en travers de
cette tige, il inſinue ſon inſtrument en en-bas vers la partie où
les feuilles feminales s'y joignent;
& alors choiſiſſant une branche
tendre d'un arbre qui porte du
fruit, & qui peut ſe marier avec la
tige, il en taille le bas en forme de
coin, & la poſe comme je l'ai dit ci-
devant, de manière que les écorces
ſe joignent; après quoi il applique
par-deſſus un peu de cire à greffe
avec un petit pinceau. Cette opération peut ſe faire pendant tout
l'été, & je l'ai détaillée fort au long
dans mon *Explication Philoſophi-
que des Ouvrages de la Nature.*

Je vais parler maintenant de la
greffe en arc, c'eſt-à-dire, de la
méthode d'inſerer les jeunes branches d'un arbre dans un autre;
c'eſt la plus ſûre de toutes les manières de greffer dont j'ai parlé

L v

jufqu'à préfent : car fi la partie
qui tient lieu de greffe ne reprend
pas fur l'arbre greffé , elle fubfifte
toujours fur fon arbre. Pour pratiquer cette méthode , il faut avoir
une provifion d'arbres en pots,
afin que quand on a deffein de multiplier par le moyen de la greffe
quelqu'autre arbre particulier,
on puiffe en approcher le fauvageon ; pour-lors on coupe la tête
du fauvageon & on choifit fur l'arbre de greffe une branche qui puiffe s'inférer plus aifément dans ce
fauvageon: dans ce cas il faut pratiquer à tous les deux des languettes comme je l'ai prefcrit en par-
lant de la greffe en fente : on doit
feulement difpofer la partie qui
tient lieu de greffe & la joindre
avec l'arbre, de manière qu'elle
puiffe en même-temps être nourrie
du fuc de tous les deux : en pareil
cas je ne coupe ordinairement la
languette de la greffe que jufqu'à

la moitié de la branche : cela fait
on doit attacher enſemble bien
ſerré les deux parties jointes , &
les couvrir avec un mélange de
terre glaiſe & de fumier de vache.
Il faut auſſi avoir ſoin d'empêcher
que la branche entée ne s'écarte du
pied de l'arbre , ce qu'elle eſt ſujette à faire lorſqu'elle n'eſt pas
bien aſſujettie avec des cordes ou
des clavettes : car quoique cet ouvrage ſe faſſe en été lorſque la ſeve
eſt la plus abondante , néanmoins
l'été le plus doux n'eſt jamais ſans
orage , ſur-tout dans les mois de
Juin ou de Juillet. Il eſt à remarquer qu'il y a certaines plantes
qu'il faut laiſſer ainſi jointes plus
d'un an avant que de ſéparer la
greffe d'avec l'arbre à fruit , &
principalement celles dont les
branches arquées ſont plus dures
& plus liqueuſes : mais lorſqu'on
peut arquer des branches vertes ,
telles que celles des orangers &

des limoniers, si on s'y prend dans le mois de Mai, on pourra les couper au mois d'Août en cas que l'on juge qu'elles ont bien repris.

Quand on a séparé les plantes d'avec l'arbre principal, il faut les placer immédiatement après dans qu'elqu'endroit abriqué où les vents ne puissent pas se faire sentir; sans quoi les nouvelles têtes qui ne tiennent encore que foiblement feroient sujettes à se séparer d'avec le pied : ou si le pied de l'arbre croissoit en pleine terre, pour-lors il faudroit, quand on retranche de l'arbre la jeune branche arquée, la soutenir avec des perches.

Je vais maintenant parler de la greffe en écusson. Greffer en écusson est la même chose qu'en bouton; cela revient à peu près à ce que les Anciens appelloient *emplastration* ; cette opération con-

fiſoit à couper un grand morceau
de l'écorce unie de l'arbre portant
du fruit avec pluſieurs bourgeons
deſſus , & à fendre l'écorce d'u-
ne autre arbre de manière à pouvoir appliquer l'écorce de l'arbre à
fruit immédiatement ſur le bois
du ſauvageon ; enſuite ils cou-
vroient la partie entammée avec
une eſpèce de mortier ou de terre
glaiſe préparée ; cette méthode eſt
bien meilleure & plus ſûre que notre écuſſonnage avec un ſimple
bourgeon ; parce que la grande
quantité d'écorce que l'on enle-
voit avec les bourgeons , & qui
devoit avoir environ deux pouces
en quarré , contenoient néceſſairement une bonne proviſion de nourriture pour entretenir les bourgeons juſqu'à ce qu'ils fuſſent
joints avec le corps de l'arbre.
Mais quoiqu'il en ſoit , notre manière d'écuſſonner avec un ſimple
bourgeon , ne le cède en rien à

aucune des façons nouvelles [de]
greffer. Pourvû qu'on ait foin [de]
fe guider par la vigueur de la fév[e],
c'eft-à-dire qu'on n'entrepren[ne]
jamais d'écuffonner un arbre q[ue]
quand l'écorce fe détache ai[fé]
ment du bois, comme difent [les]
Jardiniers.

Dans ce cas les bourgeons doi[i]
vent être tellement difpofés qu'o[n]
puiffe les détacher des bonnes bra[n]
ches d'un arbre les plus nouvelle[s]
& que l'écorce où ils fe tro[u]
vent, s'étende à environ un d[e]
mi pouce au-deffous du bourgeo[n]
& autant au-deffus, ainfi que d[e]
chaque côté : enfuite faifant u[ne]
incifion dans l'écorce du fauva[]
geon de la forme d'un T, on doi[t]
lever cette écorce des deux côt[és]
du bois, & enfuite féparant l[e]
bourgeon d'avec les parties li[]
queufes qui y tiennent l'infinu[er]
entre l'écorce & le bois du fauva[]
geon, & le lier avec du jonc, de[]

manière cependant que ce bourgeon ne soit ni endommagé ni couvert; ou même en y appliquant de la
cire à greffe comme je l'ai recommandé pour les manières de greffer précédentes, il sera inutile de
les lier.

Il ne me reste plus qu'à décrire
la manière de greffer en approche que quelques-uns ont pris
faussement pour la greffe en arc.
Les Anciens la recommandent
dans la plûpart de leurs ouvrages
comme la manière la plus sûre, &
j'ai fait assez d'expériences pour
trouver qu'ils ont raison. J'en ai
fait mention dans quelques-uns de
mes Ouvrages; mais je ne connois maintenant aucun Jardinier
qui soit dans cet usage, si ce n'est
Monsieur Whitmill de Hoxton.
Cette manière de greffer a lieu
pour les jeunes branches, lorsque
la séve est bien fluide, ou pour les
branches de la dernière année,

lorſque la ſéve commence à circuler abondamment : alors on approche deux plantes l'une de l'autre,
& coupant l'écorce d'un côté de
chacune des branches , on applique les parties entammées l'une
contre l'autre , & on les attache
enſemble avec du jonc. Si ce ſont
des plantes tendres, leurs bois s'u-
niront , & l'on pourra couper l'une
des branches au bout de trois ou
quatre mois. Si les plantes ſont
de différente nature , comme le
figuier & le mûrier, la vigne &
l'arbre de la Paſſion ; on peut les
accorder par ce moyen, comme on
en voit l'expérience dans le Jardin
dont je viens de parler. A l'égard
de la méthode qui étoit autrefois
en uſage de percer les arbres , elle
conſiſtoit ſeulement à ſéparer l'é-
corce avec un inſtrument tran-
chant, & à gliſſer cet inſtrument
en en-bas entre le bois & l'écorce
pour y pratiquer un eſpace capa-

ble de recevoir un fion de deux ou trois pouces ; au moyen de quoi cette greffe fe nourriffoit & prenoit racine dans l'arbre : mais alors il faut tailler un peu le bas du fion de manière à le rendre pointu ; & après l'avoir enfoncé dans l'ouverture il faut en boucher l'orifice avec de la cire à greffe. Cette méthode n'eft plus en ufage parmi les Jardiniers ; mais je trouve qu'elle eft fort utile, fur-tout dans les cas difficiles, je l'ai même effayée avec fuccès dans le temps que l'écorce fe détache aifément.

Voyez les différentes manières de greffer dans la pl. 6ᵉ. fig. 1.

De la fituation du Jardin Potager.

Je vais maintenant parler de la fituation la plus avantageufe que l'on peut donner à un Jardin potager.

Un Jardin Potager doit être un endroit deſtiné principalement pour cultiver les fruits choiſis ainſi que les herbes & les racines que l'on employe à l'uſage de la table. Il faut s'il eſt poſſible l'environner de murailles tant pour garantir les fruits tendres que l'on y cultive que pour les mettre en ſûreté. Ce jardin doit ſur-tout être bien expoſé au Soleil levant & de midi, afin que ſes rayons puiſſent donner à tout ce qui y eſt contenu le dégré de maturité & de perfection qui lui eſt néceſſaire. On doit auſſi avoir ſoin qu'il y ait de l'eau commodément, & qu'il ſoit placé à la proximité de la baſſe-cour, afin que l'on puiſſe plus aiſément y conduire le fumier & les autres engrais, & que l'on ait une iſſue commode pour emporter les mauvaiſes herbes & les autres choſes inutiles & embaraſſantes. La meilleure métho-

de de diſtribuer un pareil jardin
eſt de le partager en quatre grands
quarrés, & d'environner chacun
de ces quarrés d'eſpaliers, d'arbres fruitiers, tels que les poiriers, des raiſins précoces, des
abricotiers ou des pruniers : mais
il ne faut point entre-mêler ces
arbres dans la même allée, au
contraire il eſt bon de mettre
tous les poiriers enſemble & les
autres arbres de même, afin d'a-
voir des allées entières de la même eſpèce. Les allées que je pro-
poſe de garnir d'eſpaliers ſont les
principales dans leſquelles on ſe
proméne ; & quand elles ſont bor-
dées d'arbres fruitiers, on n'a pas
lieu de ſe plaindre de l'eſpace
de terrein qu'il faut mettre entre
les rangées pour les empêcher
de s'ombrager trop les unes les
autres : le fruit des eſpaliers dédommagera amplement de la perte du terrein que l'on employe

à ces allées. D'ailleurs elles sont
néceffaires pour former une fépa-
ration entre un quarré & l'autre,
indépendamment du plaifir qu'il
y a de s'y promener ; car un promenoir garni d'arbres à fruits fait
un coup d'œil très-agréable. On
doit ménager fur-tout un paffage
facile entre une partie du jardin
& l'autre ; car quand la communication n'eft pas bien ménagée,
un Jardinier perd la moitié de
fon temps à aller d'un endroit à
un autre où il à befoin, & c'eft
autant de perdu pour le maître.
Par la même raifon on doit toujours placer le quartier deftiné
pour les couches du côté de la
baffe-cour ou autre endroit femblable d'où on peut voiturer en
charette le fumier néceffaire pour
former ces couches ; car fi ce
quartier fe trouvoit éloigné il faudroit tranfporter de fort loin le
fumier fur des civières, ce qui ne

peut fe faire fans gâter les allées & fans une grande dépenfe en hommes de journée. Le Jardinier doit avoir foin de bien environner l'endroit deftiné pour fes couches avec des paliffades de rofeau, & même de l'enfermer à clef, afin que perfonne ne puiffe vifiter les couches que lui-même : car il fuffit quelquefois de lever un feul chaffis de vitrage pendant une demie minute dans une faifon contraire pour détruire toute une récolte. D'ailleurs il ne pourroit s'en prendre qu'à lui-même s'il arrivoit quelques accidents. On peut pratiquer dans cet endroit, fi l'on veut, un bâtiment pour faire mûrir les fruits par artifice, & même y conftruire un cabinet pour ferrer les outils & un lieu commode pour faire fécher les graines & les herbes, & pour garder le fruit. On fera bien auffi d'y bâtir la maifon du Jardinier, afin que ce qu'il a de plus curieux à cultiver , soit toujours sous ses yeux & qu'il ait la facilité de défendre tous les fruits contre les entreprises des voleurs. Au moyen de ce qu'il aura continuellement le fruit sous sa garde , chaque es- pèce sera servie sur la table dans sa propre saison , si le Jardinier est un homme entendu ; & on ne sera point obligé , comme il arrive trop souvent , d'envoyer au four des fruits excellents à manger parce qu'ils ont été confiés entre les mains d'un homme qui n'y en- tend rien ; ce qui fait qu'on en jette souvent la faute ou sur le maître de la pépiniére d'où on a tiré les arbres , ou sur la mauvai- se conduite du Jardinier. Pour- moy je crois que le parti le plus court est de tenir le nom de toutes les sortes de fruits plantés dans un Jardin , écrit tout au long sur un bout de planche placé sur l'arbre même afin que chacun puiſſe le voir. Cette méthode éviteroit de perdre une grande quantité de fruits dans les jardins bien fré-quentés. Car il n'eſt que trop or-dinaire en pareil cas de cueillir un fruit qui eſt raiche & encore verd, & de le jetter après en avoir goûté : après quoi on va décrier par-tout le fruit de tout le jardin quoiqu'il renferme peut-être la plus belle collection qui ſoit au monde.

De la Truffle & de ſa culture.

Maintenant que je ſçais que mes obſervations ſur la manière de faire venir les champignons ont été bien reçues, & qu'il n'y a guère de jardins un peu conſidé-rables auprès de Londres où il ne s'en trouve, & où l'on n'ait tenté d'en faire venir pour tous

les mois de l'année ; je suis persuadé qu'on fera le même accueil
à l'explication suivante sur la végétation des truffles & la manière
de les cultiver. A la vérité on m'a
dit que ce secret est trop important pour le divulguer, & qu'en le
gardant je pourrois aspirer à une
fortune considérable, puisque les
truffles nouvelles se vendent jusqu'à une guinée la livre : mais
quoiqu'il en soit je suis persuadé
que j'en serai plus estimé en les
communiquant au public, &
j'aurai par-devers moy la satisfa-
ction d'avoir fait quelque chose
qui peut contribuer à l'agrément
de nos compatriotes ; d'ailleurs
les truffles étant plus communes
deviendront moins chéres & on
pourra se satisfaire à peu de frais.
Examinons d'abord si la truffle est
une véritable plante ou non. M.
Geoffroi de l'Académie des Sciences de Paris, dit dans une de ses
leçons

leçons, que tous les corps qui
semblent végéter peuvent être ran-
gés sous deux classes générales ;
la première renferme ceux qui
ont tous les caractéres nécessaires
pour constituer une plante , &
l'autre comprend ceux qui paroiffent moins parfaits & que l'on suppose manquer de quelques-unes
des parties qui se rencontrent
dans les plantes. Entre ces derniers il y en a qui paroissent sans
fleurs , comme le figuier, quoique
bien des gens prétendent que cet
arbre porte sa fleur en dedans du
fruit. Il y en a d'autres dans lef-
quels on n'apperçoit ni fleur ni
graine ; tels font la plûpart des
plantes marines : car quoiqu'on
ait découvert dans les cellules
particulières de bien des plantes
marines quelque chose qui reffemble à de la graine, on est pourtant incertain si ç'en est véritablement ou non. De plus il y en a

Tome III.   M

d'autres qui sont composés de
feuilles & qui n'ont ni tiges ni
aucunes des autres parties qui
appartiennent à une plante, telle
est la laitue marine que l'on trouve souvent sur des écailles d'hui-
tres. D'autres ont des tiges sans
feuilles comme l'euphorbe, le
corail & lithephyton, & la plûpart des plantes pierreuses ; enfin
d'autres n'ont aucune apparence
de plante, puisqu'on ne peut
distinguer ni fleurs, ni feuilles,
ni graine. De ce genre sont la
plûpart des champignons, les
éponges & les morilles, mais sur-
tout les truffles qui ne paroissent
pas même avoir de racines. Cependant les Botanistes les rangent
au nombre des plantes, parce
qu'elles ont une maniére de croître & de grossir, & qu'ainsi il n'y
a pas à douter qu'elles ne contiennent pareillement les parties
essentielles des plantes, quoiqu'

ces parties ne soient point appa-
rentes. Il en est à peu près d'elles
comme des insectes qui ont les
parties essentielles d'un animal,
sans en avoir la figure extérieure.
Mais la truffe est construite d'u-
ne façon si singulière, qu'elle mérite bien d'être examinée avec le
plus grand soin.

Ce genre de plantes est une espèce de tubercule charnu couvert
d'une enveloppe dure & raboteu-
se comme le chagrin, dont la
superficie est noueuse & bossuë,
un peu irrégulière & qui ressemble beaucoup au cosne ou noix
du Cyprès, que l'on appelle communément la pomme de Cyprès.
Il est à remarquer que les truffles
paroissent rarement hors de terre ;
mais qu'elles sont pour l'ordinaire un demi pied avant dans la terre & quelquefois moins. On en
trouve toujours ensemble dans le
même endroit plusieurs de diffé-

rente groffeur , & de temps en
temps on en rencontre qui péfent
jufqu'à une livre ; mais ces groffes font affez rares. On eft fûr
néanmoins qu'il y en a de fort
groffes , & même en Angleterre
dans le comté de Northampton
dans une maifon qui a appartenu
au Lord Cullen. Benjamin Tows-
hend qui a été Jardinier de ce
Seigneur , m'a affuré en avoir
trouvé une du poids de onze onces : j'en ai trouvé en différents
endroits d'Angleterre, & je compte qu'il n'y a guère de Pays qui
ne foit en état d'en produire. Du
temps de Pline on regardoit comme les meilleures celles que l'on
apportoit d'Afrique ; & il y en a
maintenant d'excellentes dans le
Brandebourg & dans plufieurs autres Provinces d'Allemagne. Elles font fort communes en Italie,
en Provence, en Dauphiné , en
Languedoc , dans l'Angoumois

& dans le Périgord : on en trouve aussi assez fréquemment en Bourgogne & aux environs de Paris. Le sol où on les rencontre le plus communément, est une terre franche, rougeâtre & sablonneuse, où on peut compter d'en trouver, pourvû que cette terre ait resté longtemps en friche. On les trouve sur-tout à l'ombre des arbres & même parmi leurs racines, parmi les pierres, & quelquesfois, mais rarement, dans une plaine unie & découverte. Leur arbre favori est le chêne ordinaire, & le chêne verd, comme l'orme est celui de la morille.

On commence à découvrir les truffles dans le premier temps doux après que les gelées sont passées ; un peu plûtôt ou plûtard selon que la saison est chaude ou temperée ; il y en a même de temps en temps en plein hyver.

Quand elles commencent à

croître, elles paroissent rondes
comme de petits pois, rouges en
dehors & blanches en dedans :
elles croissent insensiblement &
deviennent fort grosses, lorsque
le terrein leur convient. On commence à trouver dès l'entrée du
printemps celles qu'on appelle
truffles blanches qui à la vérité
sont insipides ; mais on les fait
sécher communément pour les
mettre dans les sauces, parce
qu'elles se conservent mieux séches que les truffles marbrées.
On croit communément que
quand une truffle est une fois dé-
placée, elle ne peut plus croître
ni tirer par la suite aucune nourriture, quand même on la replace-
roit au même endroit d'où elle a
été tirée ; mais que si on les laisse croître jusqu'à un certain point
sans les déranger, elles grossiront
insensiblement, & que leur peau
ou envelope deviendra noire, ru-

de & raboteufe, quoi quelles confervent leur blancheur au dedans.
A ce point de maturité elles n'ont
encore que fort peu d'odeur &
de goût ; c'eft pourquoi on ne
les croit bonnes que pour les mettre dans les fauces ; ce font celles
que l'on appelle chez les étran-
gers les premières truffles blanches : mais on ne doit pas les
diftinguer comme une efpèce différente des marbrées ou des truffles noires que l'on recueille depuis la fin de l'été jufqu'au cœur
de l'hyver. Car c'eft précifément
la même efpèce ; mais dans des
dégrès de maturité différents.
Nous confidérons la truffle blanche dans fon premier état comme une plante qui contient en
même temps la racine, la tige &
le fruit, & qui en groffiffant in-
fenfiblement épanouit & dilate
fon parenchime, ou fa peau extérieure. A mefure que la truffle

renfle sa peau ou couverture extérieure, elle se durcit, & se fend en
plusieurs endroits pour donner à
toute la masse qui y est contenue
plus d'espace pour s'étendre ou
se développer, & peut-être afin
que cette masse puisse mieux prendre nourriture : alors la truffe
commence à changer de couleur &
de blanche qu'elle étoit, elle commence à être marbrée de gris, de
manière que le seul blanc qui y
reste semble marquer une conti-
nuité de vaisseaux qui conduisent
au cœur ou centre de la truffe.

La marbrure grise de la truffe
vûe au mycroscope semble être
un parenchime transparent composé de vaisseaux fort déliés. Au
milieu de ce parenchime on découvre des taches rondes & noires
détachées les unes des autres, qui
font apparemment les semences
qui altérent la couleur de la partie
parenchineuse à l'endroit où elles
font placées, tandis que les par-

ties où on ne les trouve pas, reftent blanches. Ces parties blanches doivent être regardées comme autant de canaux ou de vaiffeaux à féve, parce qu'ils fe terminent toujours à l'enveloppe ou
couverture. Quand les truffles
font parvenues à ce dégré de perfection, elles ont un goût & une
odeur excellente. On doit remarquer que la chaleur & les pluyes
d'Août contribuent beaucoup à
leur maturité : c'eft fans doute ce
qui a fait imaginer à quelques Au-
teurs qu'elles font produites par
le tonnerre; & c'eft une régle dans
les Pays Etrangers que les plus
excellentes truffles ne paroiffent
que depuis le commencement
d'Octobre jufqu'à environ la fin
de Décembre, & même dans les
hyvers doux jufqu'en Février.
Pendant cette moiffon, s'il eft
permis de m'exprimer ainfi, les
truffles font marbrées, au lieu que

M v

celles que l'on recueille dans les mois d'Avril, Juillet & Août, ont la chair blanche. Si l'on ne recueille pas les truffles dans le temps précisément de leur maturité, elles pourriffent bientôt, & c'eft alors qu'on peut remarquer leur reproduction : car en fort peu de temps on trouve à l'endroit des truffles pourries plufieurs monceaux de petites truffles : ces jeunes truffles prennent de la nourriture & croiffent jufqu'aux premiers temps froids:pour lors fi les gelées ne font point trop violentes, elles pafferont l'hyver & deviendront au printemps ce qu'on appelle des truffles blanches.

M. Geoffroy nous apprend que les grandes gelées de 1709 détruifirent ou retardérent l'accroiffement des jeunes truffles, & qu'on n'en apperçut aucune jufqu'à l'automne ; mais que l'année

suivante il y en eut une grande
quantité dans les saisons ordinaires. On n'a point encore remarqué qu'elles ayent aucune racine
ni la moindre fibre pour s'attacher
dans la terre ; mais elles en font
environnées d'une manière si ferrée qu'elles y impriment la figure
de leur peau extérieure. Elles
font sujettes ainsi que la plûpart
des racines à être attaquées par
des insectes : les vers qui piquent
souvent les truffes font blancs,
fort petits, minces, & tout à fait
différents de ceux que l'on trouve dans les truffes pourries : le
petit ver blanc dont je parle
après s'être nourri dans la truffe
se change en une chrysalide enve-
loppée dans un nid ou coque de
soye blanche délicatement travail-
lée, & devient ensuite une mouche bleue qui fort de fon nid ou
coque par les crevasses que l'on
remarque à la surface de la terre

aux endroits où il y a des truffles : de sorte que quand on apperçoit cette espèce de mouches c'est une marque certaine qu'il y a des truffles dans cet endroit.

Lorsqu'on entamme une truffle piquée de ver, on remarque qu'elle a le goût bien meilleur, & on découvre à l'examen que la partie attaquée par l'insecte est plus noire que le reste de la truffle, & qu'il n'y a que cette partie qui soit amère, tandis que le reste conserve sa bonne odeur. Quand on ouvre une de ces truffles piquée dont la partie offensée est dure, on peut aisément découvrir aux environs le nid de l'insecte dont le tour est sans marbrure, d'une couleur différente du reste de la trufle & tirant un peu sur celle de bois pourri. En remarquant dans le microscope les taches blanches qui paroissent sur la surface de la truffle, l'on trouve que ce sont de

petits infectes qui s'y nourriffent
& qui tracent des canaux tout le
long de l'écorce : ces infectes font
blancs , tranfparens , arrondis &
à peu près femblables aux mites
qui naiffent dans le fromage : cet
infecte n'a que quatre jambes ; fa
tête eft fort petite à proportion de
la groffeur de fon corps , & il eft
extrêmement vif. On les trouve
auffi quelquefois dans les cellules
abandonnées par les mouches , &
pour-lors ils perdent leur blancheur & leur tranfparence , & deviennent de couleur de caffé.

Il eft à remarquer qu'on ne voit
jamais croître d'herbe ni de plantes dans l'endroit où il vient des
truffles. Cela eft occafionné fans
doute parce que les truffles attirent
du terrein toute la nourriture propre à la végétation, ou comme
quelques-uns fe l'imaginent , parce que l'odeur des truffles pourroit
bien être telle que les plantes ne

puſſent pas vivre dans leur voiſinage : je n'entends parler que des
plantes de la plus petite eſpèce qui
prennent leur nourriture en terre à
trois ou quatre pouces de profondeur ; mais les arbres tirant leur
nourriture à pluſieurs pieds de
profondeur ne peuvent point
être endommagés par les truffles,
ſuppoſé que la première conjecture ſoit juſte : mais ſi c'eſt la dernière, comme quelques-uns le
penſent, & que la terre où croiſſent les truffles, en contracte une
odeur forte, il peut bien ſe faire
que cette odeur ſoit pernicieuſe
pour les plantes d'un ordre infé-
rieur. Les Payſans en France ſont
ſi adroits à découvrir les terres à
truffles par de pareilles obſervations, qu'ils ne s'y trompent guère ; ils connoiſſent l'étendue d'un
lit de truffle en remarquant qu'il ne
croît point d'herbes au-deſſus, ou
que la ſurface de la terre eſt entié-

rement nue ; ils le voyent ensuite
par les crévasses de la terre, par le
dégré de viscosité qu'elle a, par
les mouches bleues dont j'ai déja
parlé, ainsi que par une espèce de
longue mouche noire qui s'engendre lorsque les truffles se pourrissent. Cette derniere espéce de
mouche a la couleur & la forme
bien différente des autres, & approche assez de celles que l'on
trouve ordinairement autour des
corps putrefiés.

Les Paysans de France & d'I-
talie sont fort adroits à recueillir
les truffles sans les entammer, sur-
tout quand elles sont grosses ; le
meilleur instrument pour cela est
une espéce de pioche qui n'est pas
trop pointue. Cet instrument étant
ordinairement émoussé & uni des
deux côtés, il n'y a point de danger de briser les truffles, parce que
en ouvrant la surface de la terre,
la partie la plus basse de l'instru-

ment s'enfonce fort avant, & par
ce moyen on retourne les truffles
tout entiéres : mais alors s'il étoit
vrai qu'en remuant la terre & dé-
rangeant les truffles elles ne puf-
fent plus croître, on pourroit fuppofer que toutes les jeunes truffles
feroient détruites, peut-être pour
une feule groffe que l'on auroit
trouvée : mais la longue durée
d'un lit de truffle qui, quoique fouvent retourné quand on les re-
ceuille , en fournit néanmoins
tous les ans une nouvelle récolte , nous prouve certainement le
contraire. J'ai déja parlé dans mes
nouvelles obfervations de la maniére de chercher les truffles avec
un cochon que l'on tient par une
corde ; on fe fert fouvent de cette
méthode auffi-bien que de celle
de les chercher avec un chien
dreffé à ce manège, je parlerai
dans un autre endroit de la maniére de dreffer ces chiens.

Monfieur Townshend dont j'ai déja fait mention, m'a dit qu'indépendamment des bois & des lieux à l'ombre des hayes où il avoit coutume de trouver des truffles, il en a auffi découvert dans un bofquet chez Milord Cullen dans la Province de Northampton : mais que les arbres de ce bofquet ayant été coupés, on n'en trouva plus dans cet endroit, & qu'elles ne profiterent plus, lorfque le terrein fut une fois expofé au Soleil : car les truffles ainfi que les autres corps fpongieux étant expofées au Soleil fe retirent & fe féchent, au lieu que l'air humide les fait renfler. Ce n'eft pas feulement chez Mylord Cullen que l'on peut trouver des truffles; il y en a dans la plûpart de nos bois : mais on les a négligées. A la vérité les cochons les détruifent, lorfqu'on les met dans les bois pour fe nourrir de glands. J'en ai trouvé dans quel-

quelques bois dans le Comté de
Leicefter, dans celui de Hamp, &
dans celui d'York auprès de We
therby, ainfi que dans un tail
auprès d'Acton, appellé la commu
né d'abfinthe & dans la Province
d'Effex à *Eppingforeft*. On m'a ap
pris qu'il s'en trouve auffi quel
ques-unes à Richemont dans le
Parc de fon Alteffe Royale : mai
ce qu'elles ont de particulier, c'ef
que fuivant le rapport du Docteu
Sagerdhall, Médecin de Sa Ma
jefté, elles ont une odeur d'ail. A
la vérité fi on confidére que le ter
rein des environs eft tout rempl
de ce qu'on appelle ail de corneille, on n'en fera pas étonné ; car
par-tout où cette efpèce d'ail fe
rencontre, chacun peut aifément
dans un jour de chaleur en diftinguer l'odeur dans l'air comme je
l'ai fouvent éprouvé : & il n'eft pas
furprenant qu'un corps auffi fpongieux que la truffle contracte l'o

deur de l'ail dans une terre voisine de l'endroit où il en croît. Ces
derniéres truffles furent découvertes à ce qu'on m'a dit par un chien
inftruit à ce manège.

Je vais maintenant examiner
s'il y a plus d'une efpèce de truffle. Monfieur Tournefort en admet de deux fortes qu'il diftingue
par leur forme ; la premiere eft
ronde, il nous en a donné la figure dans fes Elemens de Botanique, & c'eft la même dont Mat-
thiole & plufieurs Ecrivains de
Botanique ont fait mention : c'eft
de cette efpèce dont j'ai parlé jufqu'à préfent. La feconde efpèce
eft celle que Mentzelius appelle
*Tubera fubterranea tefticulorum for-
ma*, dans fon *Pugillus rariorum
plantarum*. Cette truffle eft différente de l'autre par fa forme & par
la couleur de fa chair qui, fuivant
cet Auteur, eft rougeâtre & parfe-
mée çà & là de taches vertes ; mais

peut-être que si on avoit examiné
cette espèce en différentes saisons
on y auroit trouvé différentes couleurs aussi-bien qu'à la premiere
dont la couleur n'est pas la même
en tout temps. Mentzelius a découvert cette espèce dans les mois
d'Août & de Septembre qui est le
temps où les truffles ne font pa
mûres. Sur ce pied nous n'en avon
que deux espèces qui différent pa
leur figure extérieure ; car on n
doit pas supposer que la seule différente couleur de leur chair suffise pour constituer différentes espèces, puisque comme je l'ai dit le
truffles font de différentes couleurs dans les diverses saisons : L
grosseur des truffles ne doit pa
être regardée non plus comme u
caractére suffisant pour constitue
différentes espèces ; parce qu
dans le temps de leur accroissement il peut se rencontrer des racines ou des pierres qui les empê-

chent de groſſir , ou qu'elles peuvent devenir plus groſſes dans certains terreins que dans d'autres.

Pline nous dit qu'il y avoit de
bonnes truffles dans l'Iſle de Leſ-
bos dans un endroit appellé Mete-
lin ; mais qu'on ne les y trouvoit
qu'après les débordemens d'eau
qu'il croyoit en apporter la graine
d'une ville d'Aſie appellée Tiares,
auprès de laquelle croiſſoit une
grande quantité de truffles ; mais
comme les débordemens des riviéres arrivent preſque toujours
dans le même temps en beaucoup
d'endroits , comme celui du Nil ;
il ſe peut faire que les truffles
étoient alors dans leur état de
perfection , & que ce peuple ne
les connoiſſoit que quand elles
étoient mûres , ou bien que le dé-
bordement des riviéres pouvoit
faire renfler les jeunes truffles en
humectant la terre , & que ſans
cela elles n'auroient jamais groſſi

faute d'humidité. Mais cette observation ne tend pas à infinuer que
les truffles n'ayent point de graine,
car je fuis d'un avis contraire. En
effet les obfervations précédentes
donnent lieu de fuppofer qu'elles
ont de la graine ; fans quoi les truffles pourries dont j'ai parlé ne
pourroient pas produire un fi grand
nombre de jeunes truffles qu'on en
remarque dans toutes les terres à
truffles. Cette réproduction nous
confirme encore que les truffles
contiennent de la graine dans leur
partie charnue ; mais ce n'eft que
dans les truffles qui font parfaite-
ment mûres & prêtes à fe gâter que
l'on doit s'attendre à la trouver en
état de végéter. De plus on doit
obferver comme je l'ai fait dans
d'autres cas que j'ai rapportés au
fujet de la végétation de la graine,
que le moyen d'accélérer leur accroiffement eft de les mettre en
terre avec la pulpe qui eft autour ;

c'est un avantage que la truffle a
toujours. J'ai déja dit que ce qu'on
prend pour la graine de la truffle,
sont les petites taches noires que
l'on remarque dans la partie grise
de sa chair ; mais on ne peut remarquer ces graines, que quand
la truffle est mûre : pour-lors elle
répand comme les autres fruits
mûrs une odeur agréable, & après
avoir resté quelques temps dans
cet état de perfection elle tend à
la pourriture, ce qui fait croître la
graine. On remarque que quand
on renferme plusieurs truffles mûres dans un vaisseau bien bouché,
elles fermentent jusqu'au point de
répandre une odeur presque semblable au musc, & alors elles commencent bien-tôt après à moisir &
à devenir visqueuses. Lorsqu'on recueille des truffles, pour les garder, il faut s'y prendre par un
temps sec & placer chaque truffle
séparément, comme on feroit les

fruits les mieux choifis. On a pareillement pratiqué avec fuccès de
les mettre tremper dans l'huile
on peut les conferver long-temps
par ce moyen ; car l'huile en bou-
che les pores à la fuperficie & les
empêche de fermenter. On peut
trouver de ces truffles confervées
dans l'huile chez les Marchands
Epiciers , & elles ne le cédent
guére aux truffles fraîches , lorfqu'elles font cuites. Mais les truffles féches n'étant , comme je l'ai
dit ci-devant , que des truffles encore vertes , elles n'ont d'odeur
que celles qu'elles tirent des fauces. A mon avis elles ne valent
pas la peine d'être apprêtées quoiqu'on les vendent vingt ou trente
fchelings la livre : mais j'efpére
que dans quelque-temps les truffles vertes feront fi connues en
Angleterre qu'on ne fe foucira plus
guére des féches. On prétend en
France que les truffles font beaucoup

coup meilleures après les premières petites gelées qu'auparavant; ce
fentiment eft fondé en raïfon, puif-
que la gelée les empêche de fermenter beaucoup. Car il eft a remarquer que quand la fermentation eft grande elle leur donne une
odeur de mufc qui n'engage pas à
les manger : d'ailleurs comme le
froid fupprime cette fermentation,
les truffles en durent plus long-
temps. Ceux qui les confervent, les
tiennent, ou dans le fable ou dans
la terre, felon qu'elles ont befoin
de plus ou moins d'humidité. Si
elles manquent d'humidité elles fe
rideroient dans le fable, & alors
la terre leur eft meilleure ; mais fi
elles font groffes & bien pleines,
il vaut mieux les conferver dans le
fable.

Je paffe maintenant aux régles
qu'il faut obferver dans la culture
de la truffle ; ce qui eft fort facile,
lorfqu'il fe trouve des bois ou des

Tome III.   N

copeaux de chêne ou de coudrier;
& lorſque le terrein n'eſt ni trop
ſerré ni d'une nature approchante
de la craye. On doit ſe reſſouve-
nir que j'ai déja indiqué l'eſpèce
de terre où ſe rencontrent communément les truffles, & il n'y a
point de doute que cette terre ſera
toujours la meilleure pour notre
deſſein, ſi on peut en avoir, & ſur-
tout ſi elle a reſté long-temps in-
culte. Quand on eſt ainſi pourvû,
d'un terrein convenable, on doit le
laiſſer tranquille juſqu'à ce qu'on
ſoit prêt à planter, c'eſt-à-dire
juſqu'aux mois d'Octobre, Novembre & Décembre, ſi le temp
eſt ſerein ; car alors on trouvera
les truffles dans leur pleine maturité ; enſuite elles commenceront à ſe corrompre; c'eſt-là le
temps que les graines ſont préparées pour la végétation, & c'eſt
dans ce dernier état qu'on doit le
recueillir pour les planter ou d

moins quand elles font en pleine maturité. On a éprouvé qu'une truffle mûre s'eft confervée fix mois dans l'eau fans fe pourir, & que fa peau extérieure étoit alors faine & en bon état : je rapporte ce-ci comme un exemple fort propre pour prouver la bonté de la mé-thode que je propofe.

Quand une fois on a trouvé un terrein propre & des truffles pou-ries, on commence à opérer de la maniére fuivante. Labourez un efpace de terrein d'une grandeur convenable ; levez-en la terre d'environ huit pouces d'épaiffeur, & paffez-la au tamis pour la ren-dre la plus fine qu'il fera poffible. Enfuite répandez deux ou trois pouces d'épaiffeur de cette bonne terre au fond de la tranchée, & mettez par-deffus quelques-unes de ces truffles paffées à environ dix-huit pouces de diftance les unes des autres. Préparez fi-tôt

que vous le pourrez un limon lé
ger composé de terre criblée &
d'eau bien mêlées ensemble , & ré
pandez le sur les truffles jusqu'à ce
que le terrein soit tout-à-fait rem
pli & de niveau. Par ce moyen la
terre se trouvera en peu d'heures
aussi ferme autour des truffles que
si elle n'eût point été fouillée ni
tournée du tout ; & vous pourrez
compter d'avoir une bonne récol
te de truffle dans la saison. Il faut
cependant avoir soin de choisir vo
tre morceau de terre dans des bois
ou taillis ou d'autres endroits om
bragés par des arbres. Au Châtea
du Duc de Montague appellé
Newton dans le Comté de Nor
thampton , on a trouvé des truf
fles dans une allée de noisetiers où
les arbres étoient fort hauts & le
terrein couvert de mousse ; & à
Rushton dans la même Provinc
sous des hayes de charmille.
Lorsque l'on recueille les truffle

il faut avoir foin de les mettre dans le fable auffi-tôt après les avoir levées de terre, & les garder en cet état jufqu'au moment qu'on les replante. Ces truffles font différentes des champignons en ce que la grande humidité ne leur fait point de tort & qu'elles y réuffiffent fort bien, au lieu que l'inondation ou beaucoup d'humidité pourit les champignons. Avant que de terminer cette explication des truffles, il fera néceffaire de remarquer que quand j'en ai parlé au chapitre des champignons dans le corps de mon ouvrage, j'étois dans le doute fi c'étoit une plante ou non; mais depuis que j'ai écrit ces Obfervations, j'ai acquis affez d'expérience pour fçavoir que c'eft véritablement une plante, & qu'elle eft produite de graine, comme je l'ai infinué ci-deffus.

N iij

Des Morilles.

Je vais maintenant parler de la morille , & donner à mes Lecteurs quelques régles fur fa culture. Il faut fçavoir d'abord que la morille croît hors de terre à la maniére des champignons : mais avec cette différence que fa tête ou calotte ne s'ouvre jamais , mais qu'elle eft fort ridée & d'une fubftance affez dure.

Les morilles paroiffent en Avril plufieurs enfemble ; on les trouve dans les bois , les bofquets & dans les hayes ; & je les regarde comme un figne qu'il y a des truffles aux environs : car je n'ai jamais rencontré de morilles nulle part qu'il n'eut été poffible de trouver des truffles auprès fi on les eût bien cherchées. Je me reffouviens d'avoir vû les morilles croître parmi des épines & du petit bois dans le parc de Steane auprès de Brackley, dans le Comté de Northampton, qui appartenoit au Lord Crew, Évêque de Durham, & maintenant au Duc de Kent ; & je suis bien persuadé qu'il y a des truffles dans le même bois : car j'ai remarqué en même-temps de grands espaces de terrein nuds dans plusieurs endroits parmi les arbres, ce qui prouve, comme je l'ai ci-devant rapporté, qu'il y a dans ces endroits des truffles ; mais quoique je n'aye pas eu alors la commodité de les examiner, je suis persuadé qu'on en trouveroit encore, si on les cherchoit.

Mais pour revenir aux morilles, on en a trouvé dans le parc & les bosquets à Rushton, dont j'ai parlé ci-dessus dans le Comté de Northampton, & je suis fort disposé à croire qu'on en pourroit trouver aussi à Newton, si on les cherchoit avec quelque soin, &

je suppose qu'il en seroit de même
chez le Lord Hatton, dans la même Province, où j'ai appris qu'on
a trouvé plusieurs fois des truffles. On apporte aussi assez communément des morilles à *New-
market*. La morille a autour de ses
racines ou pieds des filets blancs,
tels qu'on en trouve autour des
racines des champignons qui jet-
tent des branches dans la terre,
qui est fort serrée tout autour. Cette terre qu'on doit enlever où on
trouve des morilles, peut fort
bien se transporter en masse d'un
lieu dans un autre ; mais il faut
avoir bien soin de la mettre dans
un canton du bois ou bosquet semblable à celui où elle étoit quand
on l'a enlevée, & de l'enterrer
aussi avant qu'elle l'étoit auparavant, en comprimant en même-
temps la terre tout autour, &
donnant à ce terrein nouvellement planté autant d'eau qu'il

en voudra prendre, même jusqu'au point de le réduire en limon s'il est possible : cela fait on laissera reposer cette nouvelle plantation jusqu'au printemps suivant, auquel temps on peut espérer de recueillir le fruit de ses travaux ; car je ne trouve pas que les morilles poussent jamais avant le mois d'Avril, & il semble qu'il n'est pas possible de les faire pousser à force de fumier avant leur saison, parce que le fonds de terre où elles croissent doit être solide, & qu'il faut qu'elles soient un peu garanties du Soleil, comme il paroît résulter de ce qu'on les trouve toujours dans les bois. Ce transport de la terre avec les filets blancs qui s'y trouvent est la même chose que ce que l'on pratique pour faire venir des champignons : mais je douterci s fort que la terre remplie des filets de morilles se pût conserver pendant six ou huit mois dans une

N v

chambre féche comme on fait celle des champignons : cela pourroit
bien être , mais en tout cas on
peut l'effayer dans les lieux où il
y a des morilles en abondance ; il
n'y auroit qu'à la recueillir par un
temps fec , la mettre dans une
chambre où elle ne fût pas expofée
à la pluye , & en même-temps lui
donner de l'air jufqu'à ce qu'elle
foit entiérement féche. Après cela , on la garderoit dans une chambre mais fans feu , jufqu'à ce
qu'on s'en fervît. Je ne fçai par
quel hazard j'ai oublié de rapporter dans mon chapitre des champignons l'ufage de cette terre remplie de filets : mais depuis l'impreffion de ce Livre , j'ai fait tant
d'expériences fur l'accroiffement
& la culture des champignons que
je crois faire plaifir à mes Lecteurs
de leur détailler un peu plus cette
matière. J'ai enfeigné à la vérité
une méthode pour faire des cou-

ches à champignons ; mais depuis
que j'ai vû & examiné ces belles
& excellentes couches que l'on
fait en France qui produisent abondamment des champignons pendant tout le cours de l'année ; je
suis beaucoup plus en état maintenant de donner des instructions sur
cette matiére que je n'étois auparavant. J'ai donné dans mes nouvelles observations l'explication de la
figure que doit avoir une couche de
champignons; c'est-à-dire, qu'elle
doit être faite par le haut en dos d'â-
ne, ou former un faîte semblable au
toit des maisons, ce qui est néceffaire dans le cas où il surviendroit
de grandes pluyes ; car en donnant cette forme à la couche les
pluyes s'écoulent plus aifément,
& la couche se conferve beaucoup
plus féche que fi elle étoit platte ;
on doit principalement confidérer
quand on fait venir des champignons que la couche foit bien fé-

che, parce que les fibres ou filets blancs que l'on trouve dans la terre à champignons, font fort fujets à fe corrompre à la moindre humidité, & qu'alors toute la récolte fe réduit prefqu'à rien. La méthode dont on fe fert en France pour faire les couches de champignons eft de préparer une certaine quantité de fumier de cheval ou de celui d'âne & de mulet; & après l'avoir bien féparé d'avec la paille ou litière, on le remue bien, & on en fait un monceau dans un endroit fec, où on le laiffe pendant une quinzaine de jours : enfuite on marque le lieu où doit être la couche, & on lui donne trois pieds de largeur par en bas, & de la longueur à difcrétion ; les couches doivent être placées parallélement les unes aux autres, & il faut laiffer de petits fentiers entre elles ; fut-tout quand on fait des couches pour rapporter pendant l'hyver, il en faut conſtruire pluſieurs à la fois : car plus la quantité de fumier eſt grande, plus les couches conſerveront long-temps leur chaleur, & plus elles continueront à produire des champignons. Avant que commencer à placer le fumier, il faut planter des bâtons à chaque coin de la couche & les faire joindre au ſommet, de maniére que les deux bâtons qui ſont à chaque bout, & la terre qui eſt la baſe forment un triangle équilatéral. Ces bâtons ſervent comme de guides pour former la couche, comme on peùt le voir dans la figure 2. pl. VI, où A déſigne les bâtons, & BB la hauteur que l'on doit donner à la couche en la conſ-truiſant. Quand on place le fumier pour former une couche, il faut le battre & le preſſer bien fort avec une fourche, & fabriquer les cô-tés en biaiſant ſuivant la direction des bâtons : quand les couches

font élevées à moitié de leur hauteur, on les couvre avec de la litière nouvellement tirée de l'écurie, & on les laiffe dans cet état
pendant quinze jours. Auffi-tôt
que cette premiere partie de la
couche eft faite, il faut remuer
une nouvelle quantité de fumier
comme auparavant, & au bout de
quinze jours achever la couche en
faifant au fumier la même façon
que j'ai dit ci-devant, & enfuite
recouvrir fur le champ le côté des
couches avec un pouce ou environ
de bonne terre, & l'affaiffer un
peu avec la bêche : cela fait, broyez
un peu de terre à champignon avec
les filets blancs qui s'y trouvent,
par petits morceaux, & enfoncez-
les dans la terre de tous les côtés
de la couche ; ou bien s'il fe
trouve que la terre à champignon
foit réduite en poudre, on peut
en femer parmi le terreau qu'on
étend fur les côtés. Enfuite il faut

remuer avec la fourche un peu de litière chaude qu'on tire de l'écurie, dont on couvre les couches d'environ huit ou dix pouces d'épaiffeur; & on arrofe bien le tout avec de l'eau. Ces inftructions étant fuivies à la lettre, les couches commenceront à travailler en une quinzaine de jours, & on pourra cueillir tous les jours une grande quantité de champignons. On peut voir la forme d'une couche toute faite en A 2 ; il faut l'imiter exactement, car j'ai vû plufieurs couches manquer, & ne pas rapporter la moitié de ce qu'elles devoient pour avoir été faites arrondies ou toutes plattes au fommet. Quand vous faites des couches pour fervir pendant l'été, il faut creufer la terre a environ dix pouces de profondeur pour les y faire. Quand la litière a perdu fa chaleur, on en remet de nouvelle qu'on tire de l'écurie : j'ai connu

des personnes qui au lieu de litière
se sont servi de paille nette ; mais
leurs couches sont souvent restées
sans rien faire. Si on gouverne
bien ces couches, elles continueront à donner des champignons
plusieurs années de suite. Ainsi je
laisse aux Curieux le soin de cultiver
dans leurs Jardins les truffles, les
morilles & les champignons.

Mais je ne puis pas abandonner
cette matière sans expliquer à mes
Lecteurs la méthode dont on se
sert ordinairement pour apprendre
aux chiens à chercher les truffles ;
la meilleure race des chiens pour
cela sont les chiens couchants,
mais des Espagneuls ordinaires s'en
tireront fort bien pourvû qu'on les
enseigne de bonne heure. Cette
chasse doit se faire dans le temps
que les truffles sont mûres, en les
menant tous les matins à jeun dans
une terre à truffles, & leur donnant une truffle à manger après en

avoir ôté la peau extérieure, &
enfuite quelque autre chofe que
vous porterez exprès pour leur
donner. Mais fur-tout, faites fem-
blant de tirer de la terre la truffle
& les autres chofes que vous lui
donnez, & vous verrez que bien-
tôt il fera dreffé, de forte qu'il ne
laiffera échapper aucun endroit où
il y ait des truffles. Mais auffi
quand une fois il eft inftruit, il faut
avoir grand foin de le tenir à l'attache, fans quoi il vous feroit
beaucoup plus de tort que de profit. Il vous en coûtera peut-être
deux ou trois livres de truffles pour
l'inftruire ; mais il vous en découvrira bien-tôt de quoi vous dé-
dommager amplement.

‘ Depuis que j'ai écrit la Differtation ci-deffus fur les truffles,
j'ai trouvé dans les Tranfactions
Philofophiques une Lettre écrite
par le Docteur Tancrede Robin-
fon, dans laquelle ce Curieux

nous apprend que Monsieur Hatton a découvert pour la première fois des truffles à Rushton en 1693 ; qu'elles y sont très-tendres dans le printemps , quoi qu'après les pluyes & les chaleurs on en peut aussi trouver abondamment en automne ; mais sur-tout cette Lettre porte que Monsieur Hatton y a remarqué des fibres , dont il donne la figure , que j'ai copiée d'après lui , & que l'on voit figure 3ᵉ. planche VI ; quoique je n'aie remarqué aucunes fibres aux truffles que j'ai vûes , il se pourroit bien qu'il y en eut eu lorsqu'elles grossissoient , & qu'elles eussent été brisées en les recueillant , à cause de leur extrême finesse. Mais je me propose d'examiner de près les premieres que je trouverai en les levant avec la terre qui tient autour , & mettant doucement le tout ensemble dans un bassin plein d'eau , afin que la

terre qui tient autour, puiſſe s'en
ſéparer bien doucement.

De la ſituation du Jardin à fleurs.

Comme je me ſuis fort étendu
ſur la culture des fleurs dans mes
nouvelles Obſervations, je crois
qu'il eſt à propos de parler en peu
de mots de la ſituation que doit
avoir un Jardin à fleurs.

Le terrein que l'on deſtine à cet
uſage doit être bien à couvert des
vents orageux, & cependant profiter de l'avantage du Soleil ; pour
cet effet, j'aimerois mieux qu'il
fût environné de hayes, compoſées des arbres qui perdent leurs
feuilles en hyver, parce que depuis
la chûte des feuilles juſqu'au mois
d'Avril ils demeurent nuds, &
n'empêchent point le Soleil de luire ſur le terrein ; d'ailleurs comme le Jardin à fleurs conſiſte pour
l'ordinaire en une petite piece de

terre, il y auroit néceſſairement
ſi on l'entouroit de murailles, de
vents qui s'y plongeroient & ſe
roient ſujets à rouiller & détruir
les fleurs. Quand je parle d'un
Jardin à fleurs, j'entends un peti
eſpace de terrein néceſſaire pou
placer les fleurs les plus recher
chées, & pour tenter les expé
riences qui peuvent contribuer
les perfectionner. Ce Jardin donc
doit être ſéparé du grand Jardin
afin qu'il ne ſoit pas expoſé à de
mains indiſcrettes qui ne connoiſ
ſent pas la valeur d'une fleur, n
l'avantage qu'on peut tirer d'une
expérience conduite avec ſoin.

Ce canton de terrein doit être
placé s'il eſt poſſible auprès de la
Serre, parce qu'il peut ſervir à y
mettre les plantes exotiques après
que la ſaiſon de leurs fleurs eſt
paſſée, & que d'ailleurs tout ce
qu'il y a de rare ſera placé dans le
même terrein, & ainſi le Jardi

nier fera bien plus aportée d'en prendre soin, que si ces curiosités se trouvoient difperfées dans les différentes parties du Jardin. Ce Jardin doit être divifé par carreaux, deftinés à recevoir les belles racines bulbeufes, les oreilles d'ours, les polianthes & les fleurs à racine bulbeufes produites de femence. Le tout doit être compofé d'une terre légére : il faut même autant d'attention pour les allées que pour les carreaux. Car une vapeur nuifible fortant des allées eft capable de rendre inutils tous les foins que l'on a pris pour la préparation des carreaux. Si le jardin eft fitué fur un fond d'argile, il faut bien fe donner de garde d'y creufer ; mais on doit y répandre une bonne quantité de terre légére, tant aux endroits où doivent fe trouver les allées qu'à ceux qu'on deftine pour les carreaux ; quand je dis une bonne quantité de terre , j'entends à peu près un pied & demi d'épaisseur si cela se peut , & dont la plus grande partie soit passée au crible. Cela fait je pense qu'on doit planter des bordures de buis préférablement à celles de planches : car le buis s'améliore toujours au lieu que les planches se dégradent avec le temps.

Remarques sur le lis de Guernsey.

Comme on regarde le lis de Guernsey comme une des plus belles fleurs des jardins , qu'il est maintenant si fort à la mode que tous les amateurs de fleurs le recherchent avec soin ; & que d'ailleurs un sçavant Médecin n'a pas dédaigné d'écrire à son occasion un gros volume, j'ai cru qu'il étoit à propos que je m'étendisse un peu sur la maniére de le cultiver , en exposant sur cette fleur quelques remarques particulières dont aucun Auteur n'a encore parlé jusqu'à présent.

J'ai eu cette année une occasion bien favorable de faire des observations sur plusieurs centaines de racines de lis de Guernsey au caffé de Monsieur Sutton dans *Aldersgate street*, qui les a tirées directement de cette Isle, & qui a fait venir en même temps un peu de la terre dans laquelle elles croissent. Monsieur Sutton qui est fort curieux dans ce genre remarque que ces racines doivent être plantées peu avant dans la terre , parce que la plûpart de ces bulbes qui lui ont été envoyées étoient couvertes aux deux tiers de mousse , & qu'ainsi il n'y avoit qu'une petite partie de la bulbe qui fût enfoncée dans la terre : il est à observer aussi que les fibres ou racines qui sortent de ces bulbes sont perpétuelles , que cette plante est hors de terre pendant environ sept mois de l'année, & que durant la saison où elle ne se voit pas on peut transplanter les racines d'un lieu dans un autre sans leur faire aucun tort. On doit encore considérer que depuis le temps que ses feuilles se fannent jusqu'à la fin d'Août, la plante est dans un état d'inaction, comme certaines créatures qu'on appelle communément dormeuses, sçavoir le hérisson, la chauve-souris &c. parmi les animaux, ou parmi les plantes les narcisses & plusieurs autres bulbes. Remarquez encore que dans cette plante ainsi que dans les autres bulbes, la fleur est actuellement existente dans la bulbe un an entier avant qu'elle paroisse hors de terre, & que les racines à fleurs sont toujours bien plus lentes à pousser que celles à feuilles. Les racines à feuilles poussent communément

nément leurs feuilles quinze jours
avant que les racines à fleurs se
mettent en mouvement : je dois
aussi avertir que la remarque ordinaire que l'on a regardée jusqu'à
présent comme une régle sûre
pour distinguer les racines à
fleurs, sçavoir qu'elles pouffent
les feuilles l'année avant que de
fleurir, ne doit plus passer maintenant pour infaillible ; car nous
avons vû clairement le contraire
cette année dans bien des endroits : il ne faut pourtant pas né-
gliger absolument la remarque
des six feuilles ; car elle nous donne lieu du moins de conjecturer
que les racines sont dans leur
force, & on sçait d'ailleurs que
pour l'ordinaire elles fleuriffent
l'année suivante : mais mes observations de cette année & de la
précédente m'ont convaincu que
cette régle est douteuse. Je dois
ajoûter que quand les racines ne

Tome III.   O

pouffent que deux ou quatre
feuilles il eft certain qu'alors elles ne font pas encore affez fortes pour fleurir. Il y a encore une
chofe que je ne puis m'empêcher
de rapporter, qui regarde la manière dont cette plante a été apportée la première fois dans l'ifle de
Guernfey ; je la tiens de Monfieur de Saint Marets Gentilhomme fort curieux qui y fait fa réfi-
dence. Il prétend que du temps
de fon grand-pere un vaiffeau
venant de la Chine y aborda &
que quelques matelots donnérent
plufieurs de ces racines à une perfonne qui y tenoit alors une auberge
publique. Ce Gentilhomme m'a
dit que c'étoit delà qu'étoit venu
tout ce qu'il y en a maintenant
dans l'Ifle, & que le lieu exifte
encore, entouré de la mer. A la
vérité cette hiftoire eft différente
de ce qu'on a prétendu qu'un vaiffeau y avoit fait naufrage, & que

ces racines avoient nagé jufque
fur le rivage où elles avoient repris : mais je crois que le rapport
traditionel de Monfieur de Saint
Marets eft le plus probable des
deux. On remarque que la terre
qui eft venue avec les bulbes de
Monfieur Sutton eft une terre franche mêlée de fable de mer & de
coquillages pulvérifés. Tout ceci
nous apprend que les bulbes ne
doivent être enterrées que jufqu'à
moitié de leur hauteur. Par rapport au genre de terrein, on voit
qu'il faut donner à ces racines
une terre légére & franche.

Quand on laiffe cette plante
en plein air, elle pouffe une tige
à fleur d'un pied de haut ; & lorfqu'on la tient renfermée dans une
chambre, dans un cabinet de
vitrage ou dans une étuve où l'air
ne peut pas entrer librement, elle monte quelquefois jufqu'à deux
pieds : mais alors elle eft fort me-

nue; & les fleurs font d'une couleur beaucoup plus pâle quand on
tient la plante renfermée que
quand elle est exposée en plein
air.

DE LA VÉGÉTATION
extraordinaire de l'orange Châ-
dock, où on examine combien
il est néceffaire que les fucs des
plantes foient mûrs pour les ren-
dre fecondes.

J'AI avancé dans mes autres
ouvrages & dans celui-ci, que
tant que les fucs des plantes font
verds ou mal digerés, ces plantes
pouffent beaucoup de branches
fans aucune apparence de rapporter du fruit; & qu'au contraire
plus la féve d'une plante devient
mûre & tranquille, plus la plante
produit de tiges petites qui fleu-
riront ou donneront du fruit. A

l'égard de la confiftence des fucs
dans les plantes qui pouffent vigoureufement, & dans celles qui
pouffent lentement & produifent
du fruit, elle reffemble dans les
premières à un liquide très-fluide
en comparaifon des autres, en
qui le fuc eft plus denfe & plus
épais, comme s'il étoit mêlé avec
de la gomme. C'eft pourquoi
quand on remarque des plantes
qui pouffent vigoureufement &
d'autres qui croiffent lentement,
on connoît que les fucs néceffaires pour la nourriture d'une plante doivent être fluides & aqueux ;
& que ceux qu'il faut pour la rendre feconde doivent être d'une
nature moins active. J'infifte beaucoup là-deffus, parce qu'il eft
impoffible de tailler un arbre avec
fuccès, fi on n'a égard à ces con-
fidérations. Néanmoins ceci doit
toujours être confidéré avec ma
doctrine de la circulation de la

féve, fuivant laquelle il paroît que
quand quelque particule de féve
vient à être agitée plus vivement
par une chaleur extraordinaire,
toute la quantité de féve contenue
dans les vaiffeaux de la même plante fera auffi accelerée & deviendra
plus vive : de forte que les fucs de
toute la plante circuleront dans
chaque partie d'une manière uniforme. Nous en trouvons des
exemples dans les arbres que j'ai
plantés contre mes murailles
chaudes nouvellement inventées
& les paliffades que j'ai racom-
modées pour faire mûrir les fruits
par la chaleur du fumier de cheval ; dans l'un & l'autre cas les
arbres qui y font attachés commenceront à pouffer deux ou trois
jours après qu'on y aura fait du
feu ou appliqué du fumier, par
les branches qui recevront la chaleur les premières , quoiqu'elles
paruffent auparavant dans un état

de repos, comme je l'appelle, c'est-à-dire quoique leurs sucs fussent devenus moins actifs par la rigueur de l'hyver, comme le sang dans les animaux qui dorment pendant tout l'hyver : pareillement ces animaux, ainsi que les plantes dont je parle qui sont dans l'assoupissement le plus profond, s'éveilleront & reprendront leur mouvement si on les met devant le feu. Dans ce cas, quoique les rayons ou aiguillons de la chaleur ne frappent pas également sur toutes les parties de l'objet, il suffira qu'une partie soit échauffée suffisamment ; & les sucs devenus plus actifs dans cette partie qu'ils n'étoient auparavant, reprendront leur première fluidité par le moyen du contact qui se trouve d'une partie à une autre. Ainsi, dis-je, quand une chaleur extraordinaire fait pousser une branche d'une plante,

tout le corps des sucs de la même
plante doit conséquemment devenir aussi actif que les sucs qui se
rencontrent dans la branche qui
a poussé la première : ainsi on
peut expliquer la circulation des
sucs dans les plantes , en la com-
parant à la circulation du sang
dans les animaux : en quoi il faut
remarquer que la circulation est
quelquefois plus vive , & quelquefois plus lente , selon que les
plantes ou les animaux sont plus
ou moins affectés par la chaleur ;
qu'il doive y avoir continuellement quelque dégré de circulation dans les plantes & les animaux , cela est d'autant plus certain que la vie ne peut pas exister
sans elle : car aussitôt que les sucs
cessent d'être en mouvement ,
aussitôt le corps tend à la putréfa-
ction. Mais quoique le froid de
l'hyver épaississe les sucs dans les
plantes , nous avons néanmoins

beaucoup d'exemples qui prou-
vent qu'ils ne font pas toujours im-
mobiles dans cette faifon, comme
on peut le remarquer dans les arbres toujours verds qu'on a greffés fur d'autres qui perdent leurs
feuilles dans l'hyver, & qui continuent de pouffer même dans les
temps les plus rudes.

Mais il faut fçavoir de plus,
qu'il y a de la différence entre les
fucs des plantes qui font épaiffis
par le froid & ceux qui font cuits
& digérés par le chaud; cependant ni l'un ni l'autre de ces efpèces de fucs épaiffis fôit par les
grandes chaleurs ou par le froid
le plus vif de notre climat, pourvu qu'ils réfident dans des plantes
naturelles au pays, ne peuvent devenir tout-à-fait fixes & incapables
d'agir & de circuler dans leurs
corps refpectifs ; quoique les
plantes qui viennent des climats
les plus chauds & les plus froids

O v

& que l'on cultive sous notre latitude soient telles que le trop grand
froid ou la trop grande chaleur
de notre climat fixent tout à fait
leurs sucs , & qu'elles périssent
dans cet état. Car toutes les fois
que les sucs d'une plante sont par-
faitement fixes, il n'y a point de ressource ; mais pour prévenir cet
accident dans les plantes exotiques que nous cultivons , il est
nécessaire de se pourvoir de serres ou d'étuves pour mieux garantir les espéces les plus tendres
de la rigueur de nos hyvers , &
de se pourvoir aussi des palissades
nécessaires pour les plantes qui
viennent des climats les plus
froids , afin que leurs sucs ne
soient pas trop épaissis par la trop
grande chaleur de nos étés. Le
blanc d'œuf qui est visqueux est
un exemple qui fait voir la possi-
bilité de fixer les corps fluides
par la chaleur : la même chaleur

au contraire rend plus fluides les corps qui font compofés de parties huileufes ou aqueufes ; par exemple la cire, l'huile &c, que le froidfixe, de viennent liquides lorfqu'on les approche de la chaleur.

Cela pofé je vais expliquer un phénoméne extraordinaire que j'ai remarqué cette année chez Monfieur Fairchild dans l'oranger Chadock ; il peut fervir à prouver ce que j'ai avancé au fujet de la différence qu'il y a entre les fucs qui font pouffer vigoureufement une plante, & ceux qui font propres à la feconder. Monfieur Fairchild a reçu des Barbades vers le commencement d'Avril plufieurs oranges Chadock, dont quelques-unes étoient mûres & en état d'être mangées, & les autres étoient pourries : elles ne lui furent pas inutiles à caufe de leur graine qui étoit encore bonne à

planter. Il fema dans des pots
au mois d'Avril ces graines &
celles des fruits fains ; & au mois
de Juillet fuivant il y en eut plufieurs qui firent voir à leurs fom-
mets des fleurs qui s'épanouirent
au mois d'Août. Voyez pl. V. fig.
3e. Cette nouveauté m'engagea à
examiner fi ces plantes à fleurs
venoient des graines des fruits
bons à manger ou des pourris.
Heureufement Monfieur Fairchild s'en reffouvint & me fit
connoître d'une façon particulière qu'elles venoient de fruits fi
pourris que le dedans étoit prefque changé en eau. Néanmoins
il eft a remarquer que les plantes
fur lefquelles ces fleurs parurent
n'étoient pas a beaucoup près fi
vigoureufes que celles qui venoient des graines du fruit le
moins pourri. Cela me fit faire
les remarques fuivantes : fçavoir,
que fuivant mes premières obfer-

vations, quand les fucs d'une plante font bien digerés, fon accroiffement eft ralenti, comme il paroît par les plantes à fleurs qui
viennent des graines du fruit bien
pourri qui étoient déja en train
de germer avant que d'être plantées, ainfi qu'on le remarque ordinairement quand on ouvre des
limons pourris. Je dis que quand
les graines font ainfi mifes en
mouvement tandis qu'elles font
encore dans le fruit, & qu'elles
reçoivent leurs premières impref-
fions des fucs mûrs & digérés
qui fe trouvent dans le fruit pourri, il faut néceffairement alors
que les plantes produites par de
pareilles graines rapportent immédiatement après : tandis que
d'un autre côté, fi les femences
fon tirées d'un fruit mûr & même
pourri, & qu'elles n'aient pas germé dans le fruit, mais reçoivent leur
première nourriture des fucs de

la terre, les plantes pousseront
vigoureusement par la nourriture
des sucs cruds, mais plus elles
pousseront vigoureusement, plus
il leur faudra de temps pour di-
gérer leurs sucs & pour devenir
en état de rapporter du fruit.
Donc il me paroît raisonnable
de conjecturer que quand l'accroissement vigoureux d'une plante commence avec son premier
germe, elle doit durer beaucoup
plus long-temps qu'une plante,
qui en sortant du germe a été nourrie seulement de sucs bien digérés
& qui commence à porter du
fruit avant sa saison naturelle.
Mais il me semble que Monsieur
Fairchild n'est pas le seul chez qui
cet événement surprenant soit
arrivé; car on m'a assuré que la
même remarque a été faite il y
a quelques années à Greenwich
dans le Jardin du Docteur Mon-
roe.

Il est à propos de dire ici quelques mots des feuilles seminales ou des lobes de la graine & de leur usage, pour prévenir toutes les objections qu'on pouvoit faire à la doctrine que j'explique, & auxquelles faute d'être présent je ne pourrois pas répondre. On entend par les lobes d'une graine ou feuilles seminales, les deux premiéres feuilles qui paroissent à toutes les plantes produites de semence ; lorsqu'elles sont reployées dans la semence elles enferment la plantule ou petite plante, & servent à lui donner de la nourriture depuis le moment qu'elle commence à germer jusqu'à ce que les racines soient assez affermies dans la terre pour fournir de la nourriture à la plante ; ensuite ces lobes ne servant plus à rien, se desséchent & tombent. Or ces lobes de la graine lorsqu'elle est encore dans le fruit

s'impregnent de fucs qui ont toutes les qualités qu'il leur faut pour
nourrir la jeune plante & pour
faire impreffion fur elle, de quelque nature que foient les fucs
qu'elle doit tirer de la terre ,
quand elle fera en état de pourvoir d'elle-même à fa fubfiftance ;
ou pour m'expliquer autrement ,
ces lobes ou feuilles feminales
donneront à la jeune plante la
première impreffion , qu'elle eft
obligée de fuivre par la fuite. Or
dans l'exemple du jeune Chadock
qui a fleuri , les feuilles feminales ont été contraintes de fe char-
ger d'une telle portion des fucs
du fruit pourri qu'elle l'a em-
porté fur leurs fucs naturels ; &
ainfi en les diftribuant à l'embryon
ou à la petite plante dans le temps
qu'elle a germé d'abord , la plante eft devenue plûtôt capable de
produire que de pouffer vigoureufement.

De la couche de Tan & de l'Ananas, du Guayava, de l'arbre de Caffé, des Bananiers, &c.

Le Tan est d'une grande utilité pour faire des couches ; & comme il faut sçavoir s'en servir pour conserver & pour élever toutes les plantes exotiques tendres qui nous viennent des pays les plus chauds, je vais rapporter les instructions nécessaires pour former une couche.

Il faut d'abord préparer un endroit de quatre pieds de largeur & de dix ou douze de longueur, qu'on entoure d'un mur de brique d'environ trois pieds de haut. Cette partie garnie de briques se fait ordinairement sous terre, si on peut la tenir séche : car quand l'eau est proche de la surface, elle fait brûler le Tan comme il arrive souvent ; & ainſi quand les eaux montent juſqu'auprès de la ſurface , il faut fabriquer le mur de brique au-deſſus de terre.

Il faut ajuſter au haut de la muraille un appentis ou couverture de couche ordinaire , ou un chaſſis de même nature qui ait par derrière quatre ou cinq pieds de haut ſelon la hauteur des plantes qu'on veut y mettre.

Si on donne beaucoup de hauteur à cet appentis , il eſt bon dans ce cas de garnir tout le devant de vitrages en panneaux , que l'on puiſſe ôter quand il faut donner de l'air à la couche dans les temps humides , quand on ne peut pas commodement ouvrir les vitrages d'en haut. J'ay fait conſtruire une de ces machines à *Vauxhall* , quand j'y fis faire des bâtimens pour accelerer par artifice la maturité des fruits ; mais je vais en donner la figure ainſi que de quelques étuves qui ſont néceſſaires pour contenir en hyver certaines plantes tendres. Car cette machine n'eſt deſtinée que pour aider à pouſſer les plantes les plus tendres en été, c'eſt-à-dire quand on les multiplie de graine, ou bien quand les plantes ſont fort jeunes. On doit s'en ſervir depuis le mois d'Avril juſqu'en Octobre, & enſuite tranſporter les plantes dans les étuves. Je m'étends d'avantage ſur ce ſujet parce que je trouve que mes premières réflexions ſur le caffé, ont contribué à rendre cette plante famière dans nos colonies d'Amérique, je veux dire, à l'iſle des Barbades, où il y en a maintenant un grand nombre de plantes qui rapportent du fruit, & dont on en a envoyé quelques-unes en fort bon état au Palais Royal à Hamptoncourt. Je ne doute nullement que la beauté & la rareté

de cette plante ne la faſſe rechercher beaucoup par tous nos amateurs du Jardinage, d'autant plus
ſur-tout que la même dépenſe
qu'on fera pour ſa culture ſervira
à élever toutes les plantes les
plus recherchées des Pays les
plus chauds.

Mais il y a des gens qui ſont
effraiés de la dépenſe qu'il faut
faire pour cela dans la perſuaſion
que l'entretien en eſt fort cou-
teux. Si la dépenſe ne conſiſte qu'à
acheter le Tan, tout le monde ſçait
qu'il coute beaucoup moins que
le fumier de cheval ordinaire, &
qu'il conſerve une bonne chaleur
depuis le mois de Février juſqu'en Août: le feu qu'il faut entretenir dans les étuves durant
l'hyver, ne peut pas être bien
conſidérable. Un ſeul Ananas que
l'on vendroit payeroit toute la
dépenſe; ces ſerres chaudes pourront conſerver les Ananas auſſi-

bien que les Caffés, les Bananiers & le Guavas ou Mangos, & tous les fruits qui croiffent entre les tropiques.

La Serre dont j'ai donné la defcription dans l'ouvrage qui précéde eft fort utile : mais comme tout le monde n'a pas le pouvoir d'en conftruire de femblables, je crois qu'il fera néceffaire de décrire quelques étuves plus petites qui n'engageront pas à beaucoup de dépenfe. A l'égard du bâtiment j'en ai montré la manière à Monfieur Georges Laton maçon de Londres, qui a déja édifié beaucoup d'étuves extraordinairement utiles : je parleray de quelques-unes en expliquant la planche VI figures 6e, & 7e.

Par rapport à la couche de Tan il fera bon de remarquer que les jours ou vitrages à l'ancienne mode avoient toujours des barres

auxquelles le chaſſis étoit attaché
en dedans, & qu'ainſi ils faiſoient
du tort aux plantes qui ſe trouvoient au-deſſous : car la roſée
ou la vapeur de la couche étant
condenſée en s'attachant aux vi-
tres ſe raſſemble en goutes, & au
moyen de la communication qu'il
y auroit entre les barres & les
verres, ces goutes tomberoient
ſur les plantes & les pourriroient;
mais pour prévenir cet inconvé-
nient, & la pratique autrefois en
uſage de retourner tous les matins les vitrages de la couche,
Monſieur Fairchild met à préſent
toutes ſes barres en dehors &
laiſſe entre elles & les vitrages
un eſpace aſſez grand pour que
la pluye puiſſe paſſer. Je remarque que tout ce qui ſe condenſe
de vapeurs dans la ſerre ou ſur la
couche, coule le long des vitrages ſans tomber en goutes, de
ſorte que toutes les plantes qui

font renfermées dans ces couches ou étuves feront affranchies du danger qui a trop fouvent détruit toutes nos raretés.

Je vais parler maintenant du Tan & de la manière de s'en fer-vir. Cette écorce eft celle que les Tanneurs ont rejettée, & qu'on doit faire tranfporter dans les jar-dins auffitôt, qu'elle a été tirée de la foffe au Tan, & qu'il faut bien remuer pour en faire écou-ler l'eau, & retourner deux ou trois fois afin quelle foit égale-ment humide par-tout, autant que cela fe peut. Car fans cela quand on fait la couche, elle fe-roit inégale, ce qui feroit un grand défaut. On doit donc paffer au crible & tamifer le Tan afin qu'il foit également fin dans toutes les parties, & réferver la partie la plus groffiére pour la mettre au fond de la couche. Cela fait il faut ré-pandre un peu de gravats au fond

de l'ouvrage de brique , & mettre par deſſus un peu de fumier
long tout ſortant de l'écurie , de
manière que le tout faſſe à peu
près un pied d'épaiſſeur quand le
fumier eſt bien preſſé. Cette préparation à deux objets ; le premier eſt de donner un paſſage libre à l'humidité que le Tan re-
cevra de l'arroſement des plantes
qu'on y a placées ; le ſecond eſt
que le fumier nouveau forme
une certaine chaleur qui mette le
Tan en état d'échauffer tout ce
qu'on y enterre. J'ay déja dit qu'il
faut mettre au fond la partie la
plus groſſiére du Tan , & la plus
fine à la ſurface , quand on forme
la couche : en voici la raiſon :
c'eſt que par ce moyen les parties
les plus groſſières du Tan donneront de la chaleur auſſi bien que
les plus fines , mais d'une manière différente ; c'eſt-à-dire , que
les parties les plus groſſières ſeront

feront trop long-temps a s'échauffer, & qu'enfuite elles deviendront trop chaudes pour qu'un pot pût refter auprès ; mais qu'elles ferviront à communiquer de la chaleur aux parties les plus fines qui fe trouveront au-deffus d'elles ; & que la fuperficie de la couche étant compofée des parties les plus fines aura toujours un dégré de chaleur conftant & doux, & par conféquent beaucoup plus propre à recevoir les plantes en pots. Lorfqu'on arrange le tan dans l'ouvrage de briques, il faut avoir foin de le preffer un peu fort jufqu'à ce que tout foit rempli jufqu'en haut, enfuite vous y ajufterez votre charpente, & vous y poferez vos vitrages environ une femaine après ; & pour lors la machine fe trouvera toute prête à recevoir vos pots. Mais il ne faut pas fe preffer trop de les y plonger, de peur que la cha-

Tome III.   P

leur ne foit trop forte. Je compte environ dix jours après que vous aurez mis vos pots fur la couche de Tan pour pouvoir les y plonger ; & fi on fait une pareille couche au mois de Mars, il reftera encore au mois d'Août une chaleur raifonnable & même jufqu'au milieu de Septembre. Remarquez que quand votre couche commence à moifir à la furface, fa fermentation eft paffée & fa chaleur éteinte. Mais on peut la renouveller en remuant le Tan jufqu'à un pied de profondeur, & l'arrofant avec un peu d'eau.

Explication des figures 2. 4. 6. & 7. de la Planche VI.

On voit dans la planche VI. fig. 4. la maffonnerie de briques deftinée à mettre le Tan.

La fig. 5ᵉ. eft la manière d'ajuftet par-deffus l'appentis avec les vitrages néceffaires fur le devant & aux extrémités, afin de lui faire recevoir le Soleil à fon lever & jufqu'à fon coucher, & en même temps pour y introduire l'air dans les temps venteux.

La fig. 6e. répréfente une étuve pour mettre les plantes tendres, dont les vitrages font droits, & qui a au-deffus de ceux-ci d'autres chaffis inclinés, pour mieux recevoir le Soleil pendant l'été. Elle eft prefque de la même efpèce que ces étuves qu'on a bâties nouvellement dans le jardin des plantes à Chelfea; celle dont on voit la figure a environ dix huit pieds de hauteur pour y pouvoir placer quelques plantes fort grandes comme le *Papa*, & furtout le Bananier dont la feuille a trois ou quatre pieds de longueur & la tige à fleurs environ dix pieds de hauteur; pareillement le Mangot devient un grand

arbre auquel il faut donner beaucoup d'espace si l'on veut qu'il
rapporte du fruit : néantmoins la
graine de ces arbres , en com-
mençant à croître produira des
plantes qui deviendront plus dures , & avec le temps en semant
successivement de la graine je ne
doute pas qu'on ne puisse parvenir
à les naturaliser si bien dans notre climat , qu'il suffise enfin de
leur donner une serre pour abri,
J'ai pratiqué dans cette étuve un
endroit pour placer la couche de
Tan tout à fait dans la terre.

La figure 7e. est le profil d'une
serre construite en même temps
pour l'hyver & pour l'été , où
la couche de Tan doit être au
milieu & les suites tout autour
de la serre, Le lieu destiné pour
la couche est marqué A & le
courant des fuites est désigné par
BB. L'endroit du Tan ne doit fervir que pendant l'été pour les

grandes plantes : mais en hyver quand on fait du feu, il faut ôter tout à fait le Tan, & le trou qu'il occupoit servira de promenoir, & ainsi le sommet & les côtés de nos suites seront au-dessus de terre, & sécheront les vapeurs qui s'engendrent très-souvent en hyver dans la serre.

Mais comme la serre dont nous parlons ne fournit en cet état qu'un seul & même dégré de chaleur, nous devons en conclure qu'elle n'est propre que pour les plantes qui viennent du même climat, à moins qu'on n'y fasse des changemens de manière qu'on puisse donner de l'air à une partie pendant que l'autre demeurera bien fermée ; pour lors on pourra cultiver dans la même serre des plantes qui demandent différents dégrés de chaleur : mais j'ai rapporté la manière de le faire dans la description d'une serre que j'ai

P iij

donnée dans le courant de cet ouvrage ; & il y en a maintenant un
exemple dans une des étuves de
Monsieur Fairchild à Hoxton.

La lettre C désigne le fourneau
qui communique à la fuite B, &
qui par ce moyen échauffe la muraille D, contre laquelle on peut
planter des cerisiers, des pruniers, des rosiers, ou autres arbres qui rapportent leur fruit à
quatre pieds de haut ; par ce
moyen les fruits qui sont contre
la muraille D seront avancés de
plusieurs semaines plus que ceux
qui ne viennent que dans leur saison ordinaire. On peut planter
dans la platebande E des fraisiers
& des fleurs de différentes espèces ; & en environnant cette platebande avec des châssis & des
vitrages F, on peut les faire rapporter de bonne heure ; pareillement on peut par le même moyen
faire rapporter du fruit aux frai-

fiers pendant tout l'été excepté seulement dans leur saifon naturelle ; car alors ils prennent un peu de relâche. J'ai eu lieu de le remarquer cette année chez Monfieur Whitmill à Hoxton.

La lettre G fait voir que chaque fenêtre ou chaffis eft féparée en deux afin de pouvoir introduire de l'air autant qu'on veut & avec moins de danger que s'il falloit ouvrir toute une fenêtre à la fois quand le temps eft froid : de même auffi fi on enferme de vitrages une partie de cette étuve, je veux dire la première fuite B qui eft au-deffus du fourneau, & que l'on faffe pour ainfi dire un étuve dans un autre, en ne laiffant le fommet atteindre que jufqu'au haut du chaffis le moins élevé en G ; alors en renfermant tout le rang de chaffis le plus bas, les plantes qui feront dépofées dans cette petite étuve conferveront beaucoup de chaleur tandis que toutes les autres plantes qui font dans l'autre partie de l'étuve auront de l'air par les chaffis d'au-deffus. Monfieur Fairchild de Hoxton à une belle étuve de cette efpèce.

La fig. 2ᵉ. repréfente une couche de champignons à moitié faite. A eft le point où les baftons fe rencontrent & qui doit guider la façon de la couche : BB fait voir la hauteur de la couche a demi faite, A 2 repréfente la couche de champignons ache-vée.

En un mot nous avons dans ces inftructions la couche pour placer les Ananas en été, auffi bien que les jeunes caffés, les chardons - melons , les jeunes guavas , les papas & autres plan-tes exotiques les plus tendres : & quand quelques-unes d'elles ainfi que les bananiers font trop grandes pour pouvoir être contenues dans cette étuve, il faut avoir recours à la couche de Tan de l'étuve pour l'été, faire des feux en hyver, les y tenir perpétuellement, en écartant alors le Tan & enterrant les pots dans le fable. Voilà ce qu'il y a principalement à obferver pour la confervation & la maturité de l'ananas; car il ne lui faut pas d'autre culture, fi ce n'eft qu'au mois d'Août l'on doit détacher les rejettons des grandes plantes, & les mettre féparément dans des pots, où ils prendront racine auffitôt, pourvu qu'on ait foin de les arrofer légérement. L'ananas fe multiplie auffi par la tête ou couronne de feuilles qui croît au haut de fon fruit; on la met dans un pot auffitôt qu'elle eft féparée du fruit. Il faut obferver qu'une tête ainfi plantée rapporte une année plûtôt que les rejettons. La raifon

en eft la même que j'ai dite cy-
devant au fujet de la production
extraordinaire de l'orange - Chadock ; c'eft-à-dire, que cette couronne eft nourrie par les fucs mû-
ris & digerés du fruit, au lieu que
le rejetton tire fa nourriture crüe
de la terre, & qu'il lui faut du
temps pour la mûrir.

Remarques fur l'arbre de Caffé.

Maintenant que j'ai donné les
inftructions néceffaires pour faire
les couches & les étuves qui
font indifpenfables pour conferver l'arbre de caffé, je crois qu'il
eft à propos d'ajouter encore fur fa
culture quelques réflexions que
j'ai omifes dans mes autres ouvrages. On en trouve la defcription dans mes obfervations nouvelles & dans mon traité du caffé
imprimé en 1714, lorfque j'étois
en Hollande, qui, eu égard à

plufieurs milliers de plantes rares que j'avois à examiner en même temps, étoit auffi complet que le temps put me le permettre, furtout dans un temps où aucun de ceux qui l'avoient vû croître en Europe ne s'étoit encore avifé d'en rien écrire : car ce fut vers la fin de la même année dans faquelle les Etats d'Amfterdam envoyérent au Roy de France la première plante de caffé qui eût encore été vue à Paris. Ainfi je crois que le Docteur Douglaff n'avoit pas vu la première édition de mon traité du caffé, lorfqu'il a écrit fa differtation botanique fur le fruit du caffé; car à la page 6e. de cet ouvrage, il dit » Il » femble que Monfieur Bradley » n'avoit vû ni les mémoires de Juf- » fieu ni ceux de la Roque, quoi- » qu'imprimés fix ans avant qu'il » entreprît d'écrire fur le caffé. « La principale chofe qui me con-

firme que ce Docteur n'a point
vû ma première édition de ce
traité, c'est qu'il dit dans la même page » Que Monfieur de Juf-
» fieu dans fon excellente hiftoi-
» re de l'arbre de caffé qu'il a lue
» en 1715 à l'Académie Royale
» des Sciences &c. « De forte
que le temps auquel Monfieur
de Juffieu à lû fon hiftoire eft pré-
cifement l'année d'après que mon
traité a été imprimé. Mais je paffe
à quelques remarques particulières fur la culture de cet arbre qui
n'ont pas encore été données au
public.

J'ai déja rapporté les raifons
qui me font croire que cet arbre
eft une efpèce de jafmin, & j'ai
avancé dans mes obfervations
nouvelles qu'il falloit le greffer
en arc fur le jafmin ordinaire ;
comme nous faifons pour la plante
connue fous le nom de jafmin
d'Arabie ; je fuis perfuadé qu'il

réuffiroit fort bien , car l'expérience me confirme tous les jours
qu'il eft de cette claffe. Cependant j'ai appris de M. Knowlton
qui étoit ci-devant Jardinier du
Docteur Sherrard , que dans les
jardins curieux de ce Docteur a
Eltham , il a multiplié l'arbre de
caffé de boutures & par le moyen
des rejettons : de forte que s'il
y avoit quelque difficulté à le
multiplier de femence, il n'y en
auroit aucune à le faire venir par
l'une ou l'autre de ces deux méthodes. Mais il me refte encore
une chofe à dire fur la façon de
gouverner les caffés , que j'ai déja infinuée dans mes obfervations
nouvelles , mais très-légérement ;
c'eft la néceffité d'en laver les
feuilles & les tiges vers le mois
de Juin , & même encore dans celui de Septembre. Cette opération doit fe faire avec une épon-
ge & de l'eau ; je crois même qu'il

ne feroit que mieux de tremper
un peu de tabac dans l'eau ; car
je trouve que les feuilles & les
tiges de l'arbre de caffé font fujettes à fe couvrir aux mois de
Juin & de Juillet d'une efpèce
de nielle, comme on peut en remarquer fur les tiges à fleurs des
choux-fleurs ; cette nielle fe change enfuite en petits infectes qui em-
poifonneroient la plante. On doit
donc les laver avec foin auffitôt
qu'on s'en apperçoit : & c'eft ce
à quoi les Jardiniers de Hollande n'ont garde de manquer, non-
feulement dans ce cas particulier, mais dans la culture de toutes les plantes d'étuve. Ils ont
des gens qui ne font autre chofe
que de nétoyer les feuilles de
leurs plantes de ferre, mais plus
fouvent encore les arbres de caffé
que les autres ; auffi n'y a-t'il pas
de plantes qui réuffiffent mieux
que les leurs. Je me rappelle que

Monſieur Cornélius, directeur curieux du jardin de botanique
d'Amſterdam mit un jour des féves de caffé dans un pot qu'il
expoſa en plein air, & que ces féves levérent & devinrent d'auſſi
beaux arbres qu'aucuns de ceux
qui avoient été élevés dans la
couche de Tan.

LETTRE

A SAMUEL HARTLIB,

SUR LES VERGERS D'HEREFORD.

Monsieur

Les soins généreux que vous avez pris pour le bien de tous les hommes, & principalement pour l'avantage de cette Nation, ont bien mérité la reconnoissance de tous les gens de bien & la mienne en particulier ; car dans ma retraite à la campagne, j'ai retiré quelques fruits & goûté des plaisirs bien doux & bien innocents, en lisant les traités

qui font fortis de vôtre main,
& que vous avez communiqués
au public.

J'ai été élevé parmi les étu-
dians dans les Académies où j'ai
paffé plufieurs années fans voir
autre chofe qu'une grande quantité de livres. Quelque temps
avant le commencement de nos
guerres, j'ai employé deux étés
à voyager vers l'Oueft pour apprendre à connoître les hommes
& les mœurs étrangères. Depuis mon retour j'ai toujours été
occupé aux fonctions d'un em-
ploy confidérable qui bien loin
de me difpenfer de veiller au bien
public pendant la paix & la prof-
périté de cette Nation, m'obli-
ge à être plus exact à y travailler,
& à y contribuer de tout mon
pouvoir. Sçachant que cette Province eft regardée comme le Verger de l'Angleterre, & qu'elle
l'emporte fur toutes les autres

dans tous les genres d'Agriculture, je me propose de vous donner
un détail simple & naif de la manière dont on l'exerce dans la
Province de Hereford, & je l'en-
trepends d'autant plus volontiers
que je fçai qu'il ne vous a encore
été adreffé rien de femblable de
cette Province. Je remarque ici
que les meilleurs & les plus pru-
dents d'entre la Nobleffe ont grand
foin de perfectionner le genre
d'agriculture qui convient le plus
à la nature du fol qu'ils habitent.
Depuis les perfonnages les plus
importans jufqu'aux Payfans les
plus pauvres, toutes les habitations font environnées de Vergers & de Jardins, & nos hayes
font prefque par-tout garnies de
rangées d'arbres fruitiers, de poiriers, ou de pommiers, de poiriers fauvages, ou de pommiers
fauvageons. Entre ces fruits les
poires donnent une boiffon foi-

ble qui n'eſt propre que pour nos
domeſtiques, & que tout le monde rejette en général, parce qu'elle engendre des vents dans l'eſto-
mach; cependant les femmes aiment beaucoup cette liqueur, du
moins avant qu'elle ait eſſuyé
les chaleurs de l'été, parce qu'elle a un goût de petit vin mêlé
avec du ſucre. Elle compoſe une
bonne boiſſon quand on y joint
quelques eſpèces de pommes ai-
gres ; & nos métayers ſçavent
à merveille la façon de les mê-
langer pour le mieux. Il y a des
poires qui ſont ſujettes à faire filer cette liqueur , & on les connoît parce qu'elles donnent à la
liqueur une couleur de petit lait.
Je connois un bon ménager qui
coupe & détruit dans ſon Jardin
ces ſortes de poiriers qu'il regarde
comme les pires de toutes les
mauvaiſes herbes. Les autres ſont
trop délicats pour rejetter cette

liqueur ; & les femmes en font grand cas , parce qu'elle eft très-douce , jufqu'à ce qu'elle commence à filer. Prefque toutes les autres efpèces de poiré ont une couleur plus aqueufe que le cidre de pomme , & font plus douce-reufes. Les poires fauvages blanches donnent un jus qui tient affez de la qualité du cidre , & le voifinage de Bofbury eft renommé pour un poiré particulier qui tient beaucoup des qualités mâles du cidre. Il eft vif , fort , & fumeux , haut en couleur , & fe conferve deux ou trois étés ; bien plus lorfqu'on le mêt dans de bons vaiffeaux & dans un bon cellier, il dure bien des années fans tourner. Le fruit en fi dur & fi acre qu'il n'eft pas poffible de mordre dedans , & que les cochons même n'en veulent point. Cette poire de Bofbury eft appellée dans le Pays poire fauvage ; & comme sa liqueur approche du cidre de pomme pour sa couleur & sa force, & qu'elle le surpasse en durée, aussi la fleur de ces arbres est de la couleur des roses de Provins, & ressemble plutôt à celles des Pommiers qu'à celles des autres poiriers. Nos poiriers sauvages se trouvent communément dans les hayes & dans les plus mauvaises terres, & plus ordinairement dans le Irchenfield, & vers les Pays de Galles, où le terrein est sec & peu profond. Ce fruit est délicat & sujet à être détruit par les vents; on doit même s'attendre à le voir manquer de deux années l'une, sur-tout dans les terres séches : la raison en est visible & nécessaire. Mais ce fruit fait à mon avis le meilleur cidre, & je le préfére de beaucoup à celui qui est rayé de rouge; car quand on le laisse mûrir sur l'arbre, non jusqu'au point

d'être amoli, mais seulement de
jaunir & d'acquérir de l'odeur,
& qu'ensuite on le laisse en tas
sous des arbres quinze jours ou
trois semaines avant que de l'é-
craser ; c'est de tous les fruits à
cidre celui qui a la meilleure
odeur, & sa liqueur a un parfum
très-délicat : aussi est-il fort estimé
pour les tourtes & la patisserie.
On broye ordinairement les pommes sauvages pour en faire du ver-
jus ; on les entasse quelquefois jusqu'au mois de Décembre, & pour
lors en les mêlant avec du cidre
ou du marc de cidre, on en fait
une liqueur piquante que les gens
de journée aiment beaucoup, &
qui sûrement feroit du goût des
Paysans de France. Il y a quelque chose de surprenant, & que
je puis vous assurer ; c'est que
nous avons découvert depuis peu
qu'un de nos cidres les plus délicats est fait avec une espèce de

pomme fauvage appellée pomme
de Bromfbery que l'on a ainfi en-
taffée ; il reffemble affez à un vin
bien ftomachique, & il a un petit
goût piquant qui plaît beaucoup.
Cette expérience eft encore in-
connue à bien des gens du Pays ;
& c'eft un fecret réfervé à peu
de perfonnes. J'ai quelquefois effayé de faire du cidre avec des
pommes de renette feulement,
ni trop mûres ni trop vertes, mais
dans leur véritable point ; & après
avoir été gardées quelques temps
en tas, je trouve que c'eft une
excellente boiffon, & je conçois
aifément que ce cidre doit être
très-fain & fortifiant.

Je n'ai pas befoin de vous dire
que tous nos villages, & en général tous nos grands chemins dont
le Pays de Galles eft fort garni,
font au printemps parfumés &
embellis par les arbres en fleurs
qui continuent à changer d'orne-

ment jufqu'à ce qu'ils rempliffent
à la fin de l'automne nos greniers
de fruits excellents, & nos cel-
liers de liqueurs agréables & vi-
neufes. Il y a peu de Laboureurs,
& même de particuliers les plus
riches qui boivent d'aucune autre
liqueur dans leur famille, fi ce
n'eft à quelques fêtes particulières deux ou trois fois l'an; encore eft ce plutôt pour diverfifier
que par choix.

Les Vergers étant le principal
produit du Pays & le fujet de cette differtation, je vais vous pré-
fenter deux obfervations que j'a-
dreffe principalement aux perfonnes qui recherchent l'agrément
& l'utilité; c'eft-à-dire à la plus
grande partie du monde. Car ces
arbres parfument & purifient l'air,
ce qui contribue beaucoup à mon
avis à la bonne fanté & à la longue vie des habitans, comme on
l'a toujours remarqué dans cette
Province;

Province; d'ailleurs ils garantissent nos maisons & nos promenades des coups de vents pendant l'hyver, & nous fournissent un abri & de l'ombrage pendant la chaleur de l'été; enfin pour ne pas obmettre leurs agrémens, ils servent de retraite à une quantité prodigieuse de rossignols qui s'y établissent & forment une volière continuelle.

Voici ma première observations. Je conçois que si on vouloit user dans les autres Provinces de la même patience & de la même industrie que dans la nôtre, on en retireroit du moins en grande partie les mêmes avantages que chez nous; comme nous le voyons sur les Frontiéres de *Shrop*, de *Worxester*, de *Sommerset*, & encore plus dans les Provinces de *Kent* & d'*Essex*. J'en tire la raison de la différence surprenante des sols dans les-

Tome *III.* Q

quels nous avons d'excellents
Vergers ; aux environs de Bromyard, l'air est froid & le terrein peu épais & stérile ; cependant on y voit beaucoup de Vergers remplis de diverses sortes de
pommes savoureuses & de bon
goût. Auprès de Rosse & de Weo-
bley & du côté de Hay le terrein
est peu profond, chaud, sabloneux ou pierreux, & exposé aux
différens changemens d'air, cau-
sés par le voisinage de la montagne noire ; cependant dans cet
endroit, dans tout l'*Irchenfield* &
dans la Province de *Lemster*, du
côté de *Keinton* & de *Fayremile*,
(ce qui forme une troisiéme différence de terre basse & maigre,)
dans toutes ces Provinces stériles
il y a une aussi grande quantité
de Vergers que dans les plus riches vallées du Pays de Galles.
Seulement dans les endroits où
on plante les arbres fruitiers les

plus fecs dans une terre féche, chaude & peu profonde, il faut fe contenter, comme je l'ai déja infinué, d'une récolte certaine & complette tous les deux ans, & il faut fonger auffi qu'il y a des endroits où le fol & l'air font plus propres pour une efpèce de fruit en particulier que pour les autres ; par exemple la Province de *Worcefter* produit mieux les poires & les cerifes que celle de *Hereford*, & celle de *Hereford* eft plus fertile en pomme. On appercevra en partie la raifon de cette différence par l'explication fuivante. Lorfque le fol eft peu épais, la terre rude & maigre, que l'on appelle improprement marne dans le Pays de Galles, empêche les racines tendres des pommiers de pénétrer affez avant dans la terre pour y trouver une nourriture & un abri convenable. Dans les terreins que l'on regarde comme les plus

Q ij

ſtériles, la racine du poirier qui
a beaucoup plus de force pour
percer, s'ouvre un paſſage à travers la marne compacte, comme
elle en pratique auſſi à travers les
veines des rochers & des pierres;
& au-deſſous de ce terrein maigre
elle trouve une nourriture plus
abondante & plus naturelle, comme il paroît par ſon fruit qui eſt
beau & plein de ſuc auſſi bien
que par l'écorce de l'arbre, qui
eſt unie, bien colorée & exempte
de mouſſe. On peut auſſi remarquer dans les terres profondes
qui ſont propres pour les pommiers, que ſi la racine d'un poirier pénétre bien avant dans un
terrein mol & argilleux, l'arbre
épuiſe toute ſa force pour croître
en en-bas, & que ſon ſommet devient moins touffu, moins beau,
& moins fertile. Lorſque quelques
poiriers ſoit greffés ou ſauvageons
rencontrent une grande différence

de terrein, ils différent quelquefois dans leur grosseur & souvent
dans leurs autres qualités. Cela
paroît expliquer la raison pourquoi il y a dans chaque Pays tant
d'espèces différentes de poires,
pourquoi elles changent si souvent, & si aisément de forme,
de nature, & par conséquent de
nom.

Pareillement j'ai remarqué souvent que le cidre le plus fameux
& les pommes à manger du meilleur goût croissent dans un terrein
peu profond & peu propre pour
d'autres usages, comme dans un
terrein bien élevé ou bien sec.
Vous trouverez que les fruits qui
sont les meilleurs pour le goût,
sont bien plus maltraités, plus
difformes, & plus tâchés par des
vérues, des galles, ou des tâches
rousses ou jaunes. Les autres pommes produites dans un terrein plus
abondant & plus bas, sont plus

Q iij

pâles & plus grosses ; & ainsi elles sont plus aqueuses], & insipides. Je finis cette observation par
annoncer que la nature du terrein
ne doit pas entiérement nous dé-
courager , & qu'ainsi il faut bien
faire attention de proportionner
le fruit au sol ; c'est pourquoi
nous devons employer nos premiers soins à planter une pépiniére pour y faire de jour en jour nos
expériences , & élever aussi les
plantes, les préparer & les appro-
prier pour la terre voisine ; car on
peut bien dire à juste titre des arbres fruitiers ce que Columella a
dit des vignes : » Ce qui est étran-
» ger a de la peine à se familiari-
» ser dans notre terre : car ce qui
» vient d'un Pays étranger ne
» réussit guère. Il est donc à pro-
» pos de former une pépinière
» dans le même champ où vous
» voulez planter la vigne , ou du
» moins dans un lieu voisin ; mais

» il eſt important d'examiner la
» nature du lieu &c. « Voyez ſon
Traité des arbres chap. 1er.

Ma ſeconde obſervation a pour
objet de planter une pépinière &
d'enſeigner les moyens les plus ſûrs
pour rendre une terre propre à
rapporter une grande quantité de
fruits , pour recueillir bientôt le
fruit de ſes travaux , avoir tous
les ans quelques nouveautés &
perfectionner les expériences.

Mais comme je dois maintenant m'embarquer dans quelques
paradoxes qui ne trouveront pas
facilement créance , & encore
moins parmi nos compatriotes
dans la Province d'Hereford ,
par quelques raiſons que je rapporterai cy-après , je commence-
rai par rapporter une hiſtoire très-
véritable & qui jettera un grand
jour ſur ce que j'ai à dire.

Il y a quelques années qu'il me

tomba entre les mains un petit
traité des Vergers & du Jardinage écrit par Guillaume Lawſon
habitant du Nord de l'Angleterre , & imprimé en 1726. J'y trouvai beaucoup d'aſſertions qui
me parurent ſi étranges , ſi contraires à notre opinion générale ,
ſi oppoſées à notre pratique journalière , & ſi incroyables que je
ne pûs m'empêcher de m'en moc-
quer. J'en racontai les particularités à nos meilleurs artiſtes qui
tous me confirmérent que ce traité étoit abſolument ridicule &
qu'il ne méritoit à aucun égard
d'être lû ni adopté ; cependant je crus appercevoir dans
l'Auteur bien des preuves d'in-
tégrité & de probité , un eſprit
ſain , clair , & naturel ; & je vis
que tout ce qu'il rapportoit étoit
atteſté & confirmé par ſes propres
expériences : ma ſurpriſe en aug-

menta de plus en plus ; j'y trouvai entre autres chofes les particularités fuivantes.

1e. Que la meilleure méthode de planter un Verger étoit de labourer la terre à la bêche dans le mois de Février & d'enterrer chaque mois depuis Février jufqu'en May , quelques pepins les meilleurs & les plus fains de pommes , de poires &c. à un doigt de profondeur & à un pied de diftance ; & qu'en les tranfplantant lorfque le temps & l'occafion le permettroient, il falloit laiffer les plantes qui promettoient le plus dans leur terrein naturel fans les remuer en aucune façon. Chap. 7e. pag. 17e.

2e. Que les pepins de chaque pomme produiroient des pommiers de la même efpèce. Chap. 7e. pag. 18.

3e. Que par les feuilles de cha-

Q v

que plante montante on peut diftinguer quelle fera l'efpéce de
fruit, s'il fera délicat ou piquant
&c. Chap. 7ᵉ. pag. 18ᵉ.

4ᵉ. Que fi on laiffe croître les
pommiers fans les greffer & les
tranfplanter, ils peuvent durer
1000 ans.

5ᵉ. Que les pommiers foit greffés ou tranfplantés ne peuvent
jamais être fains, durables ni entiérement parfaits.

1°. La première de ces affer-
tions a été rejettée comme dila-
toire, parce qu'elle remet à un
demi fiécle nos efpérances & le
fruit de nos travaux.

2°. La feconde étoit contre-
ditte par l'expérience journalière
qui nous apprend que bien des
pepins de pommes dégénérent
en fauvageons, du moins s'ils
proviennent de pommiers greffés
fur fauvageons; & que les pepins

de pommes fauvages font meilleurs à planter, que ceux des
pommes de greffe.

3°. La 3ᵉ. remarque eft abfolu-
ment inconnuë & hors d'ufage
dans notre Pays.

4°. La 4ᵉ. eft regardée comme
une chimére fans fondement.

5°. Et la cinquiéme comme
une opinion dementie par tous
nos Vergers.

Malgré ces oppofitions je con-
fervais toujours la bonne opinion que j'avois fondée fur la probité & l'expérience de cet Auteur. C'eft pourquoi je réfolus de
prendre patience & d'en faire un
examen exact. Je creufai dans un
canton de terre argilleufe ordinaire des trous de trois pieds de
largeur. (Remarquez que toute
la pièce de terre étoit labourée
un peu profondément à la bêche,
de forte que ce qu'on y mettoit
pouvoit auffi bien prendre racine

dans ce terrein ordinaire que dans
du terreau plus fin.) Je cherchai
des rejettons de différents arbres
que l'on avoit laissés croître sans
être greffés & qui portoient différents fruits de leur espèce naturelle. Je plaçai chaque espèce sur
les bords de différents trous. Le
printemps suivant après avoir bien
examiné je trouvai quatorze espèces différentes de ces pommes
naturelles dont le fruit varioit
beaucoup par rapport au goût, à
la forme & à la couleur : les uns
étoient vers & surs , d'autres ta-
chetés de rouge , quelques-uns
colorés en partie & fort beaux ,
quelques fruits à manger l'été ,
d'autres d'hyver , & des pommes
à cidre. De tous ces fruits le codling de Kent étoit le plus mauvais & ne valoit guère mieux que
les cornouilles de France. Ayant
placé ces rejettons sur les bordures du trou & à un pied de diff-

tance les uns des autres, je remplis le trou d'une bonne efpèce de terreau de jardin que j'y avois fait porter. Je ne jugeai point à propos de l'élever un peu plus haut que le nouveau, parce que je prévis que ce feroit en faire une retraite pour les fourmis, mais auffi je le placeai exactement de niveau afin que la pluye ne pût pas y féjourner & corrompre les jeunes racines. Dans le milieu de ce terreau je femai par un temps doux tous les mois depuis l'automne jufqu'au printemps fuivant des pepins des meilleurs efpèces de pommes, & j'écrivis fur un papier les différentes efpèces que j'avois placées dans divers endroits. Je trouve maintenant 1°. que les pepins de pommes greffées fur fauvageons ne deviennent pas tous fauvageons, ni même, comme je le préfume, de la même efpèce dont le pepin a été tiré.

2°. Que plus le terreau dans

lequel ils croiſſent d'abord eſt fin, plus le fruit ſemble s'écarter du ſauvageon ; & que dans une terre groſſiére il en approche beaucoup. Lorſqu'on veut élever une pépinière dans notre voiſinage, on ſéme le marc des pommes qui ont été broyées dans le moulin à cidre : mais j'ai remarqué que les plus beaux pepins ſont écraſés dans le moulin ; que les autres étant petits & ſemés dans une terre commune deviennent des eſpèces de ſauvageons ; & que les pepins de pommes naturelles ont beaucoup de diſpoſition à produire la même eſpèce dont ils ſont ſortis.

On a négligé de faire cette obſervation ; c'eſt pourquoi elle n'eſt point connue de nos voiſins qui n'ont pas beſoin de cette curioſité ; car ils ſont tellement attachés aux greffes, qu'ils ne s'embarraſſent d'aucune eſpèce de pomme naturelle, ſi ce n'eſt du *Gennet moyle*, du *Kidoddine*, de la pomme douce, & de la cornouille de France que l'on rencontre partout. Il est certain que les pepins des mêmes pommes semées dans des terres différentes ne produisent pas les mêmes espèces de pommiers; mais les arbres ainsi produits tiennent toujours un peu de leur origine, si c'est le pepin d'une pomme non greffée. Cela doit nous instruire de la saison la plus favorable pour obtenir ces différences, sçavoir de la manière d'appliquer aux pepins mêmes un mélange de terre choisie tel que Gabriel Plat l'a prescrit expérience 14ᵉ. page 210 des additions à son excellent *Livre*. A l'égard de toutes les autres méthodes que l'on débite, d'insinuer des liqueurs dans l'écorce ou dans la tige de l'arbre, ce sont des contes & des imaginations creuses dont on ne parle plus.

3°. J'éprouve la vérité & encore plus que n'en a dit Lawson,
lorsqu'il a enseigné qu'on pouvoit distinguer par les feuilles de
la première année d'une plante
quel sera son fruit. Car une feuille courte & d'un verd foncé pro-
nostique un fruit sauvage : j'ai
trouvé qu'une plante dont la feuille est plus grande & épaisse, mais
d'une couleur verte & foncée
donne une bonne pomme d'hyver, dont le pied est assez dur
pour supporter une terre argilleu-
se bien compacte : les larges feuilles de couleur de saule promet-
tent des pommes fades & insipides
comme le *Codling de Kent* qui ré-
siste bien à tous les vents : une
feuille d'un verd pâle comme celle de l'épine vinette ou de péro-
quet, surtout quand elle est sou-
ple en même temps, annonce un
fruit délicat ; & plus la feuille est
large, plus le fruit est beau. La

feuille ridée qui n'eſt ni trop foncée ni trop claire annonce un fruit
ſauvage tacheté de rouge qui a le
ſommet rougeâtre. On découvre
pluſieurs autres particularités par
les obſervations ordinaires.

4°. Par rapport à la durée in-
croyable des pommiers que Lawſon fait monter juſqu'à mille ans,
j'ai après bien des expériences &
des raiſonnemens rabatu beaucoup de la témérité de ma cen-
ſure. Il eſt très-certain comme
Gabriel Plat le remarque dans
l'endroit cité, que ſi on cherche
l'avantage actuel, la méthode de
greffer eſt la meilleure ; mais ſi
on veut faire le profit de ſes deſ-
cendants, il vaut beaucoup mieux
ne point greffer du tout. J'ajoute
de plus que la plûpart des pommiers non greffés ſont ſujets a
avoir leurs branches courbées
vers la terre par la grande abondance du fruit ; j'en ai vû beau-

coup qui avoient les branches
tout à fait couchées par terre où
elles reprenoient & repouſſoient
beaucoup de troncs les uns après
les autres , ce qui revient aſſez à
l'ancienne fable du géant Anthée.
Chaque tronc de quelques-uns de
ces pommiers naturels eſt de bien
plus longue durée que tous les
arbres greffés ; & pluſieurs perſonnes fort agées m'ont aſſuré que
depuis leur enfance juſqu'alors, él-
les n'avoient remarqué dans quelques-uns , aucuns changemens &
les avoient toujours vûs dans le
même état. J'ai vû moi même des
choſes ſurprenantes au ſujet d'un
arbre de cette eſpèce qui eſt encore à préſent à *Ocle Pitchard* : le
fruit n'en eſt ni ſavoureux ni beau ;
& ſa feuille eſt épaiſſe & d'un
verd foncé. Un de mes amis par
eſſai a fait cinq gros muids de cidre de ſoixante & quatre galons
chacun avec la récolte de cet ar-

bre fans y mêler d'eau ; il en donne ordinairement quatre muids; &
fuivant le rapport des habitans , il
manque rarement d'en rapporter
trois ; cependant il y a peu de
gens dans notre Province qui
ayent entendu parler de ce fait.
cet arbre a pouffé beaucoup de
rejettons , ainfi je conçois qu'il
lui a fallu plufieurs centaines d'an-
nèes pour faire un pareil progrès.
Monfieur Thomas Taylor a été
longtemps le propriétaire de cet
arbre , & demeure toujours dans
cette paroiffe. Il eft âgé maintenant de plus de 80 ans, & jouit
d'une fanté ferme & d'une très-
bonne mémoire ; & il affûre qu'il
a toujouts vû cet arbre dans le
même état : fa femme a effayé
plufieurs années à en planter des
branches , mais elle a été décou-
ragée par la lenteur avec laquelle
elles pouffent. J'en ai moi-même
planté des branches pendant trois

ans qui paroiſſoient à demi mortes
& firent très-peu de progrès. Le
terrein ſur lequel ce grand arbre
croît eſt un paturage, & ne paroît
pas avoir été remué de mémoire
d'homme, ni renouvellé par aucun mêlange ou compoſition de
terrein : ce qui fait voir que c'eſt
une plante fort dure. Je rapporte ceci d'après ce que j'ai vû moi
même & que je pourrois confirmer par le témoignage de mille
perſonnes, pour fortifier l'opinion
ou plutôt la conjecture de Monſieur Lawſon.

5°. Par rapport à la durée de ces
arbres à fruit, il faut apporter
bien des attentions, lorſqu'on les
tranſplante, c'eſt-à-dire auſſitôt
que la feuille eſt tombée & lorſque les pluyes d'automne ont dé-
trempé la terre qui eſt autour des
racines ; afin que les racines ne
ſoient point briſées ou endommagées dans le tranſport : pour lors

il faut tenir l'arbre dans la même direction qu'il avoit dans la terre ; il faut aussi tenir les racines dans le même état, & couper plutôt l'extrémité des petites fibres ou racines barbues que de les reployer : la terre dans laquelle on mêt le sauvageon doit être a peu près de la même espèce ; mais elle doit être améliorée & attendrie, non pas avec du fumier trop nouveau, mais avec de bon terreau ou de la terre amandée avec le fumier de brebis. Si on coupe ou froisse les racines, il faudra ébrancher l'arbre en même proportion. Dans les plantes greffées chaque branche doit être coupée près du sommet aux poiriers & aux pommiers, mais non aux cerisiers & aux pruniers. Dans les plantes naturelles au contraire les branches ne doivent point du tout être coupées ; mais on se contente d'en ôter quelques-

unes auprès du tronc afin de ne
point exciter la racine a pouffer
trop de rejettons. Cette opération
doit être faite avec affez de difcrétion pour que les branches du
fommet ne foient pas trop ferrées
les unes contre les autres ; car les
plantes naturelles font fujettes à
croître en hauteur , & par ce
moyen manquent de fertilité. C'eft
pourquoi les branches que l'on
réferve doivent être difpofées de
manière à former une rondeur
convenable. Les branches que
l'on coupe étant replantées reprendront , mais croîtront bien
lentement. Si le fommet de l'arbre pouffe trop en hauteur ou que
le fruit ne fe trouve pas bon , pour
lors on doit y remédier en le greffant.

On ne doit employer la greffe
que comme un reméde ; car elle
perfectionne très-certainement la
qualité du fruit : ainfi une greffe

du même fruit améliore un arbre comme on l'a obfervé dans nôtre voifinage au Pays de Galles où on greffe le *Gennet moyle* fur un arbre de la même efpèce, & on lui fait produire par ce moyen des pommes plus groffes, plus fucculentes, & meilleures à tous égards; quelques-uns même regreffent encore leurs arbres une troifiéme fois de la même façon, mais feulement par curiofité.

On remarque chez nous que la pomme-poire & tous autres bons fruits foit pour la table ou pour faire du cidre, font beaucoup plus doux lorfqu'ils ont été greffés fur un *Gennet moyle* ou fur le *Ky-doddin*, que quand on les greffe fur un fauvageon, mais ils durent beaucoup moins; car le *Gennet moyle* eft de plus courte durée fur-tout chez nous, où on les plante ordinairement fort gros, au moyen de quoi on eft obligé de les en-

dommager dès leur commencement ce qui les empêche de durer.

La greffe eft auffi un moyen
d'accélerer ou du moins de faire
rapporter les arbres beaucoup plutôt, fur-tout quand elle a été tirée d'une branche qui a porté
conftamment de bons fruits pendant quelques années : mais il ne
faut pas fe contenter de l'effai
d'une année : car Columella dit
dans un cas femblable liv. 3. chap.
6ᵉ. » un arbre naturellement ftéril-
» le peut bien rapporter du fruit
» une année par quelque caufe ex-
» traordinaire. Mais lorfqu'on a par
» devers foi une expérience de plu-
» fieurs récoltes, il n'y a pas à
» douter qu'un arbre ne foit fe-
» cond : & cet examen ne doit pas
» s'étendre au delà de quatre ans. «

Ainfi nous voyons 1°. que l'on
peut avancer la fécondité d'un
arbre en le greffant & en choififf-
fant bien la greffe.

2°. Qu'on

2°. Qu'on peut adoucir le fruit & le rendre meilleur, foit en choififfant un bon pied d'arbre où en prenant une bonne greffe.

3°. Que l'on peut multiplier différentes fortes de fruits en diverfifiant la terre, fur-tout lorfqu'on plante le pepin pour la première fois ; & , j'ajouterai de plus, en y infufant fréquemment des liqueurs agréables , telles que celles où on a fait tremper de la graine d'anis, du fenouil, du romarin ou d'autres aromates d'une odeur gratieufe : cependant il faut éviter de donner trop de fuc à une jeune plante ; car cela la noyeroit & en altéreroit le goût. Je n'ai jamais vû réuffir un Verger dont la terre fût humectée avec de l'eau de fiel ou bien dans lequel l'humidité a féjourné pendant quelque temps fans pouvoir s'évaporer. J'ai pourtant vû des arbres plantés près d'un égoût perpétuel

Tome III. R

d'eau sale qui ne manquoit jamais à rapporter du fruit.

4°. Nous voyons par-là comment il faudroit s'y prendre pour planter un Verger qui pût durer probablement très-longtemps. J'ai insisté sur ce point dans quelques endroits de mes paradoxes par manière d'histoire, & sous prétexte de défendre un sentiment opposé à l'opinion commune & à la pratique de mes compatriotes. Je n'ai point à présent le livre de Monsieur Lawson, & la mémoire ne me rappelle pas quel est son jugement à cet égard, mais je crois avoir touché au même but.

Il ajoute que le fruit des plantes naturelles devient avec le temps meilleur & plus agréable, par exemple, qu'il vaut mieux, lorsque l'arbre à 30 ans, que lorsqu'il n'en à que 20. C'est ce que je ne sçai pas. Voyez chap. 7e. pag. 18 & 19.

Il veut auffi que l'on donne aux
arbres beaucoup plus de diftance
entre eux que nous ne faifons,
par exemple, 60 pieds au moins.
Nos Vergers ordinaires ont vingt
pieds de diftance ; nos meilleurs
Vergers en ont au moins 30, &
font plantés alternativement dans
les rangées ; c'eft-à-dire, en
* * * *   quinconce, comme
* * * *   on le voit à la marge.
* * * *   Dans les grands en-
* * * *   clos de terrein que
* * * *   l'on deftine à être
conftamment labourés, ce qui eft
un grand avantage pour les arbres
fruitiers, nos meilleurs laboureurs greffent leurs arbres fort
haut, & préférent la plus grande
diftance préfcrite par Lawfon,
qu'ils portent même jufqu'à 30
toifes, afin que les attelages de
chevaux en labourant n'endommagent point les arbres ; pour lors
les arbres donnent une récolte

abondante en fruits , & eux-mê-
mes atteignent à leur plus grande
perfection. J'ajoute ceci afin que
fi on veut avoir des arbres qui deviennent grands, qui donnent plus
d'ombrage en été , qui garantif-
fent mieux des vents en hiver, &
dont le fruit foit plus doux, on
puiffe les planter un peu plus ferrés , mais jamais plus proches que
de vingt pieds.

Pour terminer mes paradoxes ;
je dis que celui qui eft pourvû
d'une pépinière n'a pas befoin d'ê-
tre fi fcrupuleux fur la durée de
ces arbres. Un petit efpace de
terrein fournira pour lui & pour
tout fon voifignage fuffifament
d'arbres pour fournir à fes greffes , & faire de nouvelles expériences. Pour encourager à entre-
tretenir cette pépinière , je vais
en rapporter tous les avantages
qui feront mon dernier paradoxe :
pendant les quatre dernières an-

ées dont deux ont eu des étés
fort fecs, j'ai couché dans la terre des branches à fruits de pommiers non greffés ; quelques-unes
étoient fort petites, & n'avoient
pas plus de deux pieds hors de
terre, toutes les autres étoient
grandes à proportion : depuis le
premier été jufqu'au printemps
préfent, elles n'ont jamais man-
qué à porter des fruits auffi ferrés
que le font les oignons en botte :
mais il eft plus avantageux pour
les arbres de détacher les jeunes
pommes auffitôt qu'elles font
nouées, du moins la première année. J'en ai couché auffi quelques-
unes de douze pieds de longueur,
de manière que la tige fortît de
terre obliquement ; ces arbres ont
crû & donnent beaucoup de fruit.
J'en ai planté d'autres de biais,
& j'ai coupé le gafon tout autour,
afin que le Soleil pût me procurer
l'avantage d'un Verger nain : ces

fruits se font trouvés au milieu de l'été presqu'auffi gros que le poing. Je les ai fait voir a quantité de perfonnes. Si je demeurois auprès de Cheapfide, je voudrois rendre ma pépinière nouvellement plantée auffi abondante qu'un Verger. Tous les pommiers naturels ne font pas fi précoce; les plus durables, comme je l'ai déja dit, font beaucoup plus fents à croître. Il y en a à qui il faut un nœud pour reprendre racine, d'autres n'en ont pas befoin : il y en a d'autres à qui un petit bout de l'écorce tient lieu de nœud. Avant le mois de Décembre lorfque les branches croiffent fur les arbres, on peut découvrir aifément par la couleur des bourgeons quelles font les branches qui porteront du fruit le printemps fuivant ; fi vous coupez les branches & que vous les plantiez avant que les bourgeons foient trop avancés, par exemple, en Février ou au commencement de Mars, bien des gens en regarderont l'effet comme un miracle. De grande bouffées de vent ou les gelées de May pourroient bien tromper votre attente. Il n'y a pas plus de six ou sept espèces de ces pommes naturelles à chacune desquelles on a donné chez nous des noms différents : mais je conçois qu'il n'est jamais possible de les distinguer parce qu'elles contractent toujours une nature particulière qui leur vient de la variété infinie des compositions de terrein. On peut en se donnant les mêmes peines & sans plus de dépense essayer dans cette pépinière des graines de sapins, de pins, de ciprés, de pesses &c. qui se trouveront beaucoup meilleurs à transplanter, que si on les faisoit venir sur des couches.

Je ne dirai rien ici de l'art de

greffer foit en ente, en bourgeon
ou en feuilles , parce que dan
notre Province tous les village
font fournis d'artiftes , & que bie
des livres en donnent les régles
d'ailleurs un artifte en montr
plus en un jour fur cette matière
qu'un livre ne pourroit faire en un
mois.

La raifon pour laquelle cette
Province eft fi abondante en fruit
eft que depuis quelques années
perfonne ne s'eft conftruit une
maifon fans avoir eu en vûe la
proximité de quelque terrein propre à faire un Verger; cette terre
doit avoir quelque profondeur
comme elle en a communément
au pied d'une coline dont la pente furtout eft expofée au midi;
elle ne doit point être trop friable
ou creufe , mais un peu dure,
ferrée & tenace, afin que le vent
ne puiffe pas déraciner les arbres;
fouvent lorfque les domeftiques

se marient ils choififfent une ou
deux acres de terrein qu'ils trouvent propres à planter en Verger;
ils en donnent au propriétaire jufqu'au double du revenu pour les
avoir à loyer ou à vie; après quoi
ils y conftruifent une chaumiére
& y plantent un Verger : c'eft là
toute leur richeffe pour eux & leur
poftérité.

A l'égard des jardins, il eft affez
inutile d'en avoir plus qu'il n'en
faut pour l'entretien des familles,
à moins que par la fuite on ne
rende navigable notre rivière de
Wye. Au défaut des tranfports notre provifion de cidre eft devenue
une pierre d'achopement pour
bien des gens qui font fervir à la
débauche & à l'yvrognerie, les
dons de Dieu : le cidre eft fort
à la mode depuis quelques années
& notre meilleure Nobleffe y a
tellement pris goût que l'on a

R v

cherché la meilleure méthode
pour faire mûrir & entaffer les
fruits les plus recherchés, & pour
déterminer la véritable faifon de
le tirer & de le mettre en ton-
neau. Mais je fuis perfuadé qu'on
trouvera encore bien des chofes
à ajouter pour amener cet art à
fa perfection, quand on y aura appliqué les fecrets de l'art mifté-
rieux de la fermentation.

Je trouve qu'on améliore beaucoup le cidre en le mettant tout
pur fur la lie nouvelle d'un ton-
neau de vin de Canarie tiré depuis peu.

A l'égard des vignes, nos Gen-
tilshommes fe font difputé depuis quelques années le talent
utile de l'emporter les uns deffus
les autres ; de forte que le raifin
mufcat blanc eft tout ordinaire ;
les raifins pourpres & les noirs font
affez fréquents, & le Frontignan

auſſi bien que le raiſin à feuilles de perſil ſe trouve dans beaucoup d'endroits.

Les noyers ſe plantent ſur le bord des grands chemins & ſont fort propres pour les terreins ſecs & pierreux: je trouve qu'ils ne manquent jamais dans l'endroit le plus ſec de la pépinière. Columella nous a donné d'excellentes régles tant pour rendre leur accroiſſement certain & prompt que pour corriger leur mauvaiſe qualité.

Les groſſes chataignes étant une nourriture forte pour les payſans vigoureux, & d'ailleurs d'un grand uſage ſur les meilleures tables en France, & d'un ſi bon goût, lorſqu'on les aſſaiſonne avec du cidre le plus fort & du ſel, je blâme fort nos compatriotes de ne point faire uſage d'une nourriture qui deviendroit bientôt à bon marché & fort commune.

Toutes les noix & les avelines

croiſſent fort vîte, comme je l'a
éprouvé ſuivant les régles de Columella. *In aqua mulsâ nec minu*
dulci macerato, ita jucundioris ſa-
poris fruₓum cum adoleverit, præ-
bebit, & interim melius & celerius
frondebit. Lib. 5. Cap. 10. Je ne
ſçaurois décider ſi on ne doit pas
lire *nec nimis dulci*; mais je l'ai
eſſayé dans du lait & une autrefois dans de l'urine vieille & du
fumier de brebis avec un ſuccès
également heureux. Il ajoute encore, *& in medulla ferulæ ſine pu-*
tamine nucem græcam vel avella-
nam abſcondito, & ita adobruito.
Une perſonne de mérite a eſſayé
de caſſer d'abord des noyaux de
ceriſe & de prunes & les a plantés pendant l'été auſſitôt après leur
maturité; elle m'a aſſuré qu'elle
avoit gagné plus d'un an par cette
méthode.

Je ſuis fort ſurpris qu'un auſſi
honnête homme que Gabriel

Plat ait écrit qu'il eſt convaincu par expérience qu'en dix ou douze ans de temps un chataignier peut devenir un bel arbre propre à former la maîtreſſe-poutre d'un beau bâtiment. Il dit la même choſe du noyer, expl. 13. pag. 269. des additions à ſon ouvrage.

Je ſuis pareillement étonné de l'exemple que cite le Capitaine Blithes des petits chênes qui en onze ans de temps ſont en état d'être employés à faire des barres & des petites pièces de charpente. Chap. 25. pag. 158 de l'édition 1652.

Nos ormes croiſſent fort vîte ; on les élague toujours pour en faire les plus grands de tous nos arbres Anglois : on les trouve en avenues ſur le bord des grands chemins & à la porte de tous les payſans, à moins qu'on ne les ait ôtés pour faire place à des arbres fruitiers.

Dans bien des voyages que j'ai faits dans la Province de Shrop, j'ai vû à peine deux ormes de l'efpèce droite, le terrein n'y eft pas affez profond. Mais la racine des chênes pénétre dans le terrein le plus dur, & rencontre fûrement une fubftance marneufe d'où elle tire une fubfiftance fuffifante pour faire croître ces arbres jufqu'au plus haut dégré.

> Quod quantum vertice ad Auras
> Œtheræas, tantum radice ad tartara tendit
> *Georg.* 2. *Vers.* 101.

Toutes nos montagnes étoient autrefois chargées de chênes ; & je conçois qu'elles étoient fort propres pour cela ; mais depuis peu les forges les ont détruits & ont dégarni nos forêts.

Nous paffons en général pour

exceller dans toutes les branches
de l'agriculture : nos charues font
légéres ; mais nous embraffons
tous les moyens de nous perfectionner qui viennent à notre con-
noiffance. Le feigle de Clehanger
& de quelques cantons d'Irchenfield eft auffi bon que le méteil
de beaucoup d'autres Pays , & nos
bleds rendent beaucoup plus
qu'aucun de ceux de la belle
plaine d'Efome dans les comtés
de Worcefter & de Warwick ,
comme j'ai eu occafion de m'en
convaincre dans les voyages que
j'y ai faits en compagnie de plufieurs perfonnes fort au fait de l'a-
griculture.

A l'égard de nos paturages nous
les perfectionnons tous les jours ;
& lorfqu'un Etranger paffe devant nos habitations , nos hayes,
nos Vergers , nos paturages &
nos terres labourables , il lui eft
fort aifé de diftinguer un con-

cierge & un propriétaire bien
entendus d'avec un fermier né-
gligent & un mauvais ménager.
C'eſt le Pays où Roland Vaughan
a fait l'eſſai de ſes ouvrages hi-
drauliques, & je pourrois vous
nommer un grand nombre d'excellents hommes qui y ont travail-
lé pour le bien public.

Le Lord Scudamore peut bien
être regardé parmi nous comme
un exemple rare de conduite
dans tout ſon domeſtique ; c'eſt
un homme qui cultive des bois
pour ſuppléer aux beſoins de
l'Angleterre ; il exerce une hoſ-
pitalité louable, conforme aux régles de la ſobriété, & il entretient toujours des domeſtiques
capables d'exécuter ce qu'il y a
de mieux dans tous les genres
d'agriculture. Le Chevalier H.
L. marche ſur les mêmes traces.
Le ſçavant Monſieur B. G. pour-
ſuit le même deſſein autant que

peut le lui permettre l'exercice
d'un emploi qui demande beaucoup de foin. Monfieur R. de L.
eft très-capable & s'attache conftamment à tout ce qui peut fa-
tisfaire les befoins & la délica-
teffe. Monfieur S. de W. a depuis quelques années pris à rente un bien de huit livres fterlings
qui en vaut maintenant foixante,
& qu'il a loué fur ce pied ou environ. Il n'ignore rien de ce qui
concerne la bonne agriculture.
Monfieur F. de B. a pris pour
deux fchelings & demi de paturages qui en valent à préfent plus
de vingt. C. M. eft un excellent
patriote ; il a métamorphofé fon
défert en des Vergers auffi beaux
que ceux d'Alcinous. Je ne finirois
jamais de les nommer tous : car il
n'y a point de villages où on ne
rencontre quelque excellent Ré-
publicain.

Je terminerai ce difcours par

[...] le proverbe [...] , [...]
[...] , ne [...] pas [...] et [...]
[...] Ceux [...] pour [...]
[...] ne les [...] ; mais
[...] l'[...] à [...] à lui
[...] ces [...] ; ce [...]
[...] à Dieu [...] qu'il
[...] en faveur ou malédic-
tion, [...] de la
[...] sur la [...] ; [...] la
[...] de [...] . La vie cham-
pêtre [...] par [...] fortes
de raison. Que la plus humble,
la plus pure & la plus innocente;
cependant l'expérience nous fait
voir tous les jours, que quand les
manufactures sont en vigueur, la
parole de Dieu est respectée, &
que quand le commerce languit,
elle n'est écoutée tout au plus
que comme une chanson; si quelquefois on l'entend, on lui obéit
rarement. On ne voit à toutes
les portes & sur les grands che-

mins que des mandians forts &
paresseux, & il seroit plus facile
à un bon Officier de Police d'entreprendre les travaux d'Hercu-
les & de nétoyer l'étable d'Au-
gée que de remédier à un mal
si commun & si enraciné. Nous
espérons que quelque digne patriote surmontera ces obstacles
& remettra le commerce en vigueur. Nous addressons nos prié-
res & nos importunités à tous
nos bons-patriotes pour l'intérêt
du public; car il est certain qu'u-
ne pareille action seroit récom-
pensée dans le Ciel, & que non-
seulement elle mettroit son auteur au-dessus de l'envie, mais
encore elle lui mériteroit des
monuments éternels de gloire.
Ainsi pour ne point allarmer votre modestie, je ne fais que vous
insinuer sous le nom d'un autre
la véritable estime que nous fai-
sons de vos travaux. Je prie Dieu

de se résouvenir de votre zèle le grand jour où il paroîtra dans sa gloire. Je suis, M. &c.

POSTSCRIPT

A LA LETTRE

Addressée à Samuel Hartlib Ecuyer.

MONSIEUR;

Ayant employé un jour entier à vous écrire une longue lettre au sujet des Vergers & de la manière dont on les cultive dans la Province de Hereford, & le courier n'étant pas encore parti, j'y ajouterai quelque chose, ou du moins je vais résumer ce que j'ai dit dans mon premier discours.

Le terrein que l'on choisit pour les Vergers doit plus être exposé au midi qu'au nord : cependant il ne faut pas être trop scrupuleux sur ce point ; car ils réussissent fort bien au nord : pareillement on doit préférer le levant au couchant ; cependant le vent d'occident vaut mieux, & le Soleil d'occident mûrit mieux les fruits. D'ailleurs la rouille vient ordinairement du plein sud & vers le temps du midi ; c'est pourquoi nous demandons avec le Psalmiste d'être délivrés du démon du midi.

Néanmoins un observateur exact ttouvera que les vents nuisibles sont sujets à se rassembler comme les courants d'eau dans des espèces de canaux qui se rencontrent sur la surface de la terre ; & chacun peut se convaincre à l'aide de ses yeux & de sa raison, & par l'expérience annuelle

qu'un point du ciel eft beaucoup
plus agréable ou nuifible qu'un
autre qui n'en eft éloigné que
d'un mille, foit que cet effet foit
occafionné par les montagnes
& les vallées qui régnent dans le
voifinage ou un peu plus loin, foit
par les vapeurs qui s'élevent des
lacs, des rivières ou des terreins
marefcageux, que les gelées tranf-
forment en rouille. Car il eft paffé en proverbe que les gelées féches ne rouillent point ; mais
qu'il n'y a que les gelées humides
& celles qui furviennent après la
pluye ; les terreins marécageux
font caufe que les gelées qui feroient féches dans d'autres endroits deviennent humides dans
le voifinage ; il arrive quelquefois auffi dans un bon fonds de
terre que l'air eft fi refferé & la
chaleur du Soleil fi fouvent réflé-
chie qu'il en réfulte des vents de
midi, qui comme je l'ai déja dit,

font plus fréquents & plus préjudi-
ciables que d'autres pour les fruits
délicats & pour le houblon, comme s'ils étoient dans une fournaise.

Il suffit que la bonne terre ait
à sa surface à peu près un pied
d'épaisseur, & lors même qu'elle
est plus profonde, j'ai vû rarement
planter des arbres à plus d'un pied
de profondeur, à moins que ce
ne soit des pieds d'arbres déja
grands auxquels on doit donner la profondeur qu'ils avoient
auparavant.

Si le terrein est uniforme, c'est-
à-dire par-tout également incli-
né, pour lors il n'est pas à propos d'y planter des plantes naturelles : mais la méthode la plus
prompte seroit d'y planter au
mois d'Octobre des sauvageons
à 30 pieds de distance dans le
meilleur ordre, c'est-à-dire en
quinconce. Et après qu'ils y auront resté trois ans, il faudra le

printemps fuivant envoyer un ouvrier pour les greffer avec les meilleurs fruits.

Les pommiers fauvages ne doivent pas être plus gros que le
poing. Quand ils font plus gros
ils font moins fujets à être bien
enduits & joints à la greffe, &
pour lors la pluye y forme un
trou qui endommage les pieds
d'arbres. Nous étions dans l'habi-
tude de mettre deux ou trois greffes fur le même pied, & pour la
variété on pouvoit les mettre différentes fans aucuns dangers :
mais depuis peu on a adopté la
méthode de n'en mettre qu'une
fur chaque pied, & l'on prétend
que cette méthode eft plus fure
pour unir promptement la greffe
avec le fauvageon. Dans une pépinière où les pieds d'arbres ne
font pas plus gros que des baguettes, le moyen le plus fûr & le
plus prompt eft d'y joindre des
greffes

greffes qui y foient engagées au moins de huit côtés ; cela produit une amélioration confidérable.

Nous ne devons nous en rapporter à aucun ouvrier ; mais il faut avoir recours à un bon & fidel ami pour le choix des greffes que l'on tire des branches à fruits d'un arbre fain & fecond. Outre que l'on rifque à fe tromper fur la nature du fruit, la moindre faute dans ce cas fuffit pour retarder la fécondité de l'arbre pendant cinq ans ou plus, ce qui eft une véritable perte. Il eft bon de fe rappeller à cet égard la notte précédente de Columella.

Lorfque le terrein eft inégal, il en coute beaucoup pour le mettre de niveau, & c'eft une chofe bien inutile ; car c'eft une efpèce de beauté & un amufement agréable dans un endroit écarté ; du moins le terrein en eft

Tome III. S

bon lorfqu'il eft attaché à un bon jardin. A coup fûr un terrein eft meilleur, plus doux, plus abondant & plus propre pour repondre à la variété & à tous les changemens de faifon, quand il eft inégal, que quand il eft de niveau. Et c'eft le fol le plus propre pour les pommiers naturels : au lieu que quand on le dérange de fon état naturel & qu'on le force à devenir régulier, pour lors il devient mauvais, mutilé & ne produit pas bien. Je ne voudrois pas même planter des pommiers fur un fond de terre où l'eau ne pourroit pas couler : ils réuffiffent bien mieux quand ils font fitués fur une pente.

Les pommiers que je recommande pour les greffes font la pomme Stockin, la pomme à gelée, la pomme Puits, la pomme Eliote, la pomme Reyne, la pomme Coin, le Guining d'hyver, la Harveis, la Guillaume, la Leonard; la pomme faint Jean, la Snouting, fans oublier la pomme Poire, la Renette & la Peau de cuir. Ces pommes ainfi que beaucoup d'autres qui n'ont point de nom, font bonnes pour la table.

A l'égard du cidre, le *Streaked Muft* eft le fruit le plus eftimé; mais ce n'eft qu'une efpèce d'arbriffeau ou plante d'efpalier qui devient rarement un grand arbre; il épuife fi promptement fes forces, qu'il eft ordinaire au planteur de voir fon propre ouvrage fe détruire & de lui furvivre. Il y a un fruit blanc fort eftimé pour faire du cidre fort & dont l'arbre dure longtemps. Il y a encore une autre pomme blanche qui a le défaut de ne point refter fur l'arbre de manière à pouvoir être recueillie tout à la fois, mais dont les fruits tombent toujours les uns après les autres.

Je n'ai pas befoin de dire qu'il faut avoir attention de choifir des fruits pour toutes les faifons, fçavoir de précoces & de tardifs; & que quand on plante un terrein pour la première fois, on doit y planter des poiriers & des pommiers alternativement, du moins lorfqu'on n'eft pas bien fûr de la nature du terrein. Cette variété eft amufante auffi bien que lucrative : les poiriers croiffent longtemps avant que d'occuper beaucoup de place, & la plûpart n'ont acquis leur dégré de perfection que quand les pommiers greffés font tout à fait paffés. Ou bien on doit planter alternativement un pommier à cidre & un pommier d'hyver qui dure plus longtemps & croît plus lentement.

L'argille met l'arbre en état de

réfifter beaucoup plus vîte aux coups de vent , mais le terrein fablonneux les fait croître beaucoup plutôt. Il eft tout ordinaire de planter des rangées d'ormes , au nord & au nord-eft de tous les Vergers, & des villages pour les mettre à l'abri du vent , mais je n'en vois point la néceffité.

A l'égard du houblon , nous ferons bientôt les plus riches de toute l'Angleterre ; car notre Province a quantité de bois taillis , & bien des gens induftrieux ont planté depuis trois ans une grande quantité de houblon de l'efpèce la plus grande & la plus belle. Il y en a une grande abondance dans les terres maigres tout autour de Bromyard. Nous n'avons rifqué d'abord d'en planter que fur les terres baffes , profondes, fertiles & marécageufes; mais à préfent nous en garniffons les

montagnes avec un fuccès furprenant. Nous trouvons auffi que les
lieux bas font fujets à conf{ rver
la chaleur comme un four, &
qu'ils engendrent de la mâne lorfqu'un air plus ouvert s'y intro-
duit.

Nos Poëtes tant anciens que
modernes & les perfonnes du jugement le plus exquis ont beaucoup exalté le plaifir des bois. Ho-
race liv. 2e. épit. 12e. dit

Scriptorum chorus omnis amat nemus & fugit
urbes.

Nous retranchons ordinairement
fur nos jardins de quoi faire une
allée couverte d'ombre pour aller à travers nos Vergers, qui
font les bofquets les plus riches,
les plus agréables & les plus
ornés, dans nos taillis ou nos
bois de haute futaye. Ainfi nous
approchons de la reffemblance

du paradis que Dieu avoit conftruit de fa main pour le plaifir
de l'homme , fon chef-d'œuvre
dans l'état d'innocence. S'il fe
trouve un enfoncement entre notre Verger & le taillis nous rem-
pliffons ce vuide par le fecours
artificiel d'une houblonière où
l'herbe utile croît & reffemble à
un petit bois. Nous devons nous
en contenter jufqu'à ce que nous
puiffions y avoir des vignes ; ce
dont nous ne pouvons pas encore
nous flatter. Les derniers étés qui
ont été fecs avoient relevé nos
efpérances ; mais le printemps
dernier inconftant & l'automne
humide ont ruiné & détruit tout
à fait notre attente.

Quelques-uns fement des glands,
des châtons de frêne & autres femences de bois dans des terres
défertes & montagneufes. D'autres aiment mieux y planter de la

S iv

charmille qui vient beaucoup plus
vîte, & à laquelle on peut donner
telle forme que l'on veut. Avant
de rifquer de planter des bois fur
un terrein que l'on n'a pas effayé, il
eft à propos de faire ufage du fecret
du Chevalier Hugue Platt: moi-
même ayant acheté un petit terrein, je jugeai à propos d'examiner
à neuf pieds de profondeur quelle étoit la nature de ma terre; c'eft
ce que je fis, & je trouvai des endroits où le fable, la pierre & même la meilleure efpèce de marne
étoient fort à ma portée, je dé-
couvris auffi par quelle raifon une
pièce de terre labourable fe trouve plus froide, plus humide &
moins fertile qu'une autre toute
voifine.

Nous fommes dans le préjugé
que le terrein le plus ftérile à la
furface eft le plus riche en dedans,
non feulement en mineraux, mais

encore en pierres , en marne ou
en quelqu'autre matière riche. Ce
qu'il y a de certain , c'eſt que la
terre que nous regardons pour la
meilleure , & que nous achetons
le plus cher , eſt à bien des égards
la moins eſtimable. Par exemple
le terroir de Frôme paſſe pour la
meilleure terre ; les paturages y
ſont abondants , les terres labourables qui ſont ſerrées & argilleu-
ſes y produiſent le meilleur bled ;
cependant cette argille n'eſt pas
bonne pour les jardins , elle con-
ſomme beaucoup de terre mélan-
gée. Les Vergers croiſſent lentement ſur un pareil fond, & les grains
y ſont fort ſujets à la niéle : ſi on eſt
obligé de le changer en paturages ,
quoique l'on ait la commodité
de les noyer & d'y faire paſſer
d'autres eaux graſſes , & même
que le terrein ſemble fort bon
pour la pature , il vaudroit preſ-

S v

que autant l'abandonner tout à
fait que d'entreprendre de la mé-
tamorphofer en prairie, j'en ai
vû qui en vingt ans de temps n'a
pas pû produire une touffe de gazon ni former une peloufe : bien
plus pour n'avoir pas été baignés
en hyver pendant deux ans de fuite, les paturages y font devenus
auffi maigres, durs, fecs, & auffi remplis de crevaffes que les
montagnes les plus ftériles du
Pays de Galles : fi une fois les
terres labourables y font épuifées
ou qu'on néglige d'y faire un
feul labour, on a beaucoup de
peine à les rétablir.

Au contraire dans bien des endroits des terres chaudes où les paturages ont l'herbe groffière, d'un
verd de mer, courte & maigre, &
où les campagnes refufent de
produire du bled, des pois & de
la veffe, les beftiaux s'y nourrif-

fent fort bien & leur fumier ré-
tablit tout d'un coup la terre qui
eft légere & très-facile à labourer.
On éprouve qu'en trois ou quatre
ans ces paturages deviennent excellens. Les paturages s'améliorent promptement par le moyen
des beftiaux qui s'y engraiffent &
qui y reftent jour & nuit. La terre devient bientôt en état d'y planter des Vergers , ou toutes fortes
d'arbres , les ormes les plus grands
auffi bien que les frênes : on la
rend aifément propre pour les jardins , pour y faire croître du chan-
vre , du lin , des navêts , des panais &c. On peut juger par-là laquelle de ces terres mérite plus
d'être appellée une terre fertile ,
quand les débordements ne font
pas pancher la balance d'un côté.
On voit auffi par-là quelle pré-
férence on doit donner à la feule
pature.

S vj

Je n'ai guère vû en Angleterre
de paturages forcés par une terre
mêlangée comme j'en ai vûs ailleurs. Le feul engrais que nous
leur donnons, eft de faire paître
en hyver nos beftiaux dans les prés
hauts; & il y a des gens qui lorfqu'ils appréhendent le tac, fui-
vent les indictions de Gabriel
Platt, & y mettent paturer le bétail
blanc toutes les nuits, ce qui pré-
ferve le bétail, & en même
temps fait beaucoup de bien aux
paturages. Nous négligeons tous
les autres moyens d'engraiffer les
paturages, & nous ménageons
avec foin nos ruiffeaux pour un
ufage plus important. S'ils roulent
dans un lit plat en torrent ou fur
une terre à chaud, nous en tirons
tout l'avantage que nous pouvons
en les laiffant paffer par-deffus les
terres avant qu'ils ayent perdu
leur graiffe qui ne dure que quel-

ques jours. Il y a des eaux si crues
que nous n'ofons nous en fervir que dans les grandes néceffi-
tés. Il eft rare que nous répandions
de la chaux fur les prairies. Nous
trouvons que les cendres répan-
dues fur la terre au mois de Février jufqu'à ce que la terre devienne à moitié blanche, comme
dans le temps des petites gelées, ,
font excellentes pour produire
le fainfoin blanc & le rouge.

Nos bouchers & nos mar-
chands de fuif trouvent un défaut
dans les excellents paturages bien
garnis de coupe dorée, qui eft une
efpèce de pied de corneille; c'eft
que ces herbes font jaunir la
graiffe des bœufs & la fait paroître vieille.

Le fainfoin & le gazon font
ordinairement deftinés pour les
bêtes à corne; fçavoir le plus fûr
pour le jeune bétail, & le plus

dur & le plus fort pour les bœufs
qui labourent ; & lorſqu'il eſt rude & un peu meilleur que l'herbe
que l'on fait manger aux brebis,
on le trouve excellent pour les
chevaux, ſur-tout pour ceux que
l'on deſtine à la ſelle. Je pourrois même, pour confirmer ce que
je viens de dire, aſſurer qu'un jeune
cheval nourri dans les paturages
hauts & ſecs, l'emporte autant
pour la fatigue ſur les chevaux
nourris dans les prairies baſſes,
que l'activité d'un lion eſt au-deſſus de celle d'une vache. Ceux
que l'on deſtine à porter des far-
deaux ou à tirer doivent être nourris dans les prairies baſſes. Ils y deviennent forts, bien trouſſés, mais
ſujets à ſe laſſer à cauſe de leur
péſanteur. Les autres qui ont été
nourris dans les paturages ſecs,
ſont légers, nerveux, vifs & d'u-
ne forme qui approche beaucoup

de celle des chevaux barbes. Ils allongent beaucoup , aiment la courſe & s'animent en courant. Ainſi des poulains & des beſtiaux bien choiſis ſont fort propres à réparer le défaut des paturages ſecs.

A l'égard des moutons nous allons au-delà des régles preſcrites par Gabriel Platt. Comme la laine de notre pays eſt la plus fine qu'il y ait en Angleterre; que les toiſons ſont petites , & ne peſent pas ordinairement plus de 16 onces, quoique j'en ai vûes quelquefois qui peſoient juſqu'à trente onces ; comme d'ailleurs nos moutons ſont petits & délicats ; on les tient ordinairement renfermés la nuit hiver & été. Auſſi ſont-ils ſujets à deux eſpèces de maladies , dont l'une attaque d'abord le foye ; & lorſqu'on s'en apperçoit , on la guérit avec le couteau du bou-

cher fans que le propriétaire y per-
de beaucoup ; l'autre attaque tout
le corps du mouton de forte que
fa chair n'est plus bonne qu'à donner aux chiens. Je connois des
endroits où il n'y a eu aucunes
de ces maladies de mémoire
d'homme : mais on est obligé de
changer fouvent le bétail , parce
que le terrein y est pierreux &
qu'en deux ou trois ans leur bou-
che est ufée : d'ailleurs rien ne
conferve tant le bétail blanc que
de le changer de pays. Nos payfans
confervent à tout hazard leurs
petits troupeaux fans y apporter
beaucoup de précaution. Mais
nos bergers de Lemfteroer, & de
Irchenfield font les plus experts
pour gouverner les grands troupeaux.

Pendant que je vous écris cette Lettre , je viens d'avoir un
entretien avec Monfieur S. fur les

Vergers, & il m'a affuré qu'après une longue expérience il a découvert qu'il y a des pommiers venus de pepins, qui pour leur bon goût l'emportent fur les meilleurs pommiers greffés que l'on puiffe trouver.

Qu'il a effayé d'améliorer les Codlings de Kent, en les greffant fur des arbres de la même efpèce, & qu'ils fe font trouvés plus mauvais.

Qu'un de fes voifins a fait un muid de cidre avec des Codlings de Kent feulement : qu'il en a goûté cette même femaine, & qu'il lui a trouvé un goût ni mauvais ni bien excellent, mais différent de toutes les autres efpèces de cidre ; & qu'il reffemble à du poiré d'une couleur approchante de celle du lait.

Il m'a fait goûter auffi dans fa maifon d'une boiffon très-agréa-

ble que j'ai prife pour du cidre , &
que j'ai trouvée préférable à fon
cidre , qui pourtant étoit du meilleur : pour effai il nous en a donné
à moi & aux autres. Cette excellente boiffon étoit compofée de
pommes fauvages qui n'avoient
point été mifes en tas , mais telles qu'on les avoit ceuillies , &
qu'on avoit broyées auffitôt & mêlées avec cette efpèce de poiré
qui dans cette faifon de l'année
a toujours coutume de filer. Cette boiffon n'étoit pas claire & ré-
fembloit affez à du poiré qui file ;
mais il nous affure que par cette
méthode les pommes fauvages
empêchent le poiré de filer. Si
cela eft ainfi (comme je n'en puis
douter de la part d'un homme
auffi véridique , & qui ne vou-
droit pas engager fauffement fa
parole pour fauver fa vie), c'eft
un moyen excellent pour faire des

pommes fauvages qui croiffent naturellement dans toutes les ter-res défertes , féches & ftériles , un fruit à réchercher ; & d'amé-liorer en même tems ces poires que l'on regardoit comme un mau-vais arbre & fort embarraffant pour me fervir des termes d'un autre excellent ménager.

Il nous a appris que plus les poires font vifqueufes , plus il faut ajoûter de pommes fauva-ges, fuivant le goût qu'on leur trouve au moulin. On doit en général y employer plus de poires que de pommes : il remarque en même temps que ces pommes fauvages ne font pas de celles de Bromfbury dont il a été parlé ci-devant, mais de celles qu'on ren-contre ordinairement & dont il nous a appris qu'il y a deux efpè-ces : la première mûrit prompte-ment , elle eft jaunâtre & propre

à mêler parmi les poires qui font
les premières meures ; le cidre
qu'il nous a donné étoit de cette
espèce : l'autre est une pomme
sauvage plus aigre & qui est encore verte à la fin de l'automne ;
on la mêle avec les poires de la
saison. Or pour en faire une espèce de vin de Scythie propre à
gratter le palais des domestiques,
il faut les mettre en tas pendant
un mois, & ensuite les broyer séparément ou avec des pommes
d'hyver, nous sçavons combien
les paysans dans les Pays voisins
& même nos matelots recherchent un vin rude ou plutôt vi-
naigre pour le mêler dans leur po-
tage, ou pour le boire avec de
l'eau ; mais nous n'avons pas encore senti en Angleterre des be-
soins assez pressants pour avoir
appris l'usage des pommes sauvages & les autres espèces sem-

blables de frugalité. La pomme
fauvage de Bromfbury dont j'ai
parlé fi fouvent eft beaucoup plus
groffe que toutes les autres efpèces, & fa forme eft femblable à
celle des pommes greffées.

Il eft temps maintenant, Monfieur, de vous laiffer tranquille.
Vous pouvez voir dans cette Lettre que je défire de tout mon cœur
de contribuer à l'amélioration,
& au bien de notre Pays natal. S'il
falloit qu'on nous interdît le commerce avec l'Efpagne, je fouhai-
terois que le reffentiment des
Anglois allât jufqu'au point de ne
point manger comme eux, de ne
point boire de leurs liqueurs, de
ne rien emprunter ni acheter d'eux
ni d'aucuns de leurs alliés tant
que notre patrie nous fournira le
néceffaire. Je prie dieu de nous
fortifier tous dans un amour ferme pour la fainte vérité, & dans

un attachement mutuel les uns pour les autres fous la protection de fa Miféricorde.

Je fuis Monfieur, Votre &c.

De Herefort le 19 May 1656.

Fin du troifiéme Volume.

TABLE

DES MATIÉRES

Contenues dans ce troisiéme Volume.

A

à

Tome III,   T

F

G

T ij

I

Fin de la Table des Matières.

Pl.1.

fig. 2.

fig. 1.

Legrand sc.

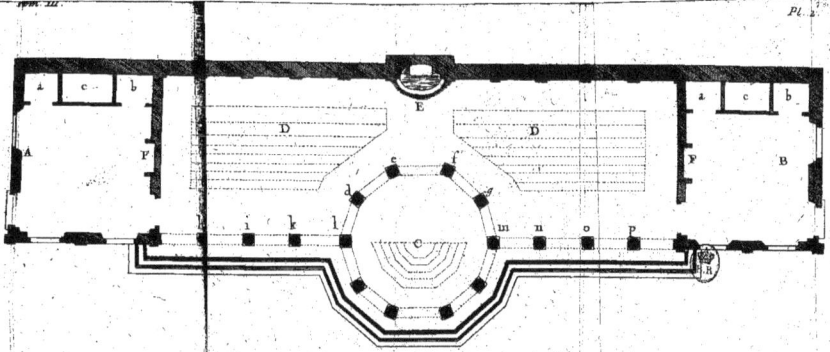

10   20   30 Pieds

Legrand sc.

Pl. 3.

10   20   30 Piods

Echelle.

Lyrond. sc.

Pl. 4

Echelle

10   20   3o Piede

Lepreux. s.

Fig. 1

Fig. 2

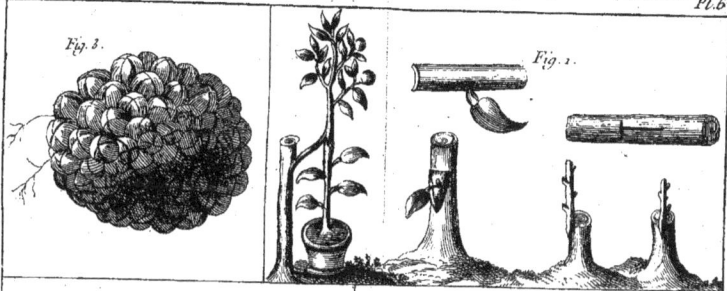

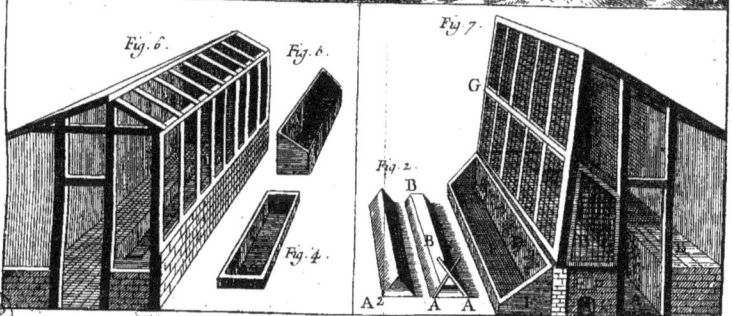

Pl. 6.

Fig. 3.

Fig. 1.

Fig. 5.

Fig. 6.

Fig. 7.

Fig. 4.

Fig. 2.

G

B

B

A

A

A

Legrand. Sc.

www.ingramcontent.com/pod-product-compliance
Lightning Source LLC
Chambersburg PA
CBHW061958220326
41599CB00021BA/3249